Hanns-J. Krause

Aquaristik für Einsteiger

2. Auflage

Ulmer

Inhalt

Das **erste Aquarium**

Die Wahl des ersten Aquariums entscheidet oft darüber, ob man Gefallen an der Aquaristik findet oder ob der Behälter bald im Keller verstaubt. Sie will daher gut überlegt sein.

Der erste Teil dieses Buchs beschreibt die Schritte und notwendigen Handgriffe, die es ermöglichen, auf möglichst kurzem Weg das erste Aquarium erfolgreich aufzustellen und einzurichten. Ziel ist ein pflegeleichtes Aquarium mit dekorativen Fischen und Pflanzen als Schmuck für das Wohn- oder Arbeitszimmer.

Dieses erste Aquarium kann in vielerlei Hinsicht noch optimiert werden, und mit wachsender Erfahrung wird jeder Aquarianer später seine eigenen Wege gehen.

Vor Beginn aber muss jeder Aquarianer ganz klar wissen, dass er mit der Errichtung eines Aquariums zugleich eine große Verantwortung übernimmt:

Aquarienpflanzen und insbesondere -fische sind keine Wegwerf-Artikel, die nach dem ersten Frust (der kommt bestimmt!) auf den Müll geworfen werden können.

Es sind lebendige Wesen! Fische fühlen Hunger, Schmerz und Unbehagen wie Du und ich. Und wer genau beobachtet, wird feststellen, dass nicht wenige Fischarten auch Gefühle wie Liebe und Hass zeigen.

Echte Aquarianer handeln schon rein gefühlsmäßig nach dem Tierschutzgesetz, das selbstverständlich auch für Fische gilt. Trotzdem schadet es nicht, zumindest den § 17 zu kennen:

GUT ZU WISSEN

Mit Freiheitsstrafe bis zu zwei Jahren Gefängnis oder mit Geldstrafe wird bestraft, wer

1. ein Wirbeltier ohne vernünftigen Grund tötet oder
2. einem Wirbeltier
   a) aus Rohheit erhebliche Schmerzen oder Leiden oder
   b) länger anhaltende oder sich wiederholende erhebliche Schmerzen oder Leiden zufügt.

Viel Spaß bei unserem gemeinsamen Hobby!

TIPP

Ein großes Aquarium kann eine schmucke Zierde des Wohnzimmers sein. Es macht weniger Arbeit als zu vermuten ist. Das erste Aquarium aber sollte nicht größer als 150 l sein.

Das richtige Zoofachgeschäft

Am Anfang steht nicht die Wahl des Aquariums, sondern die Wahl des richtigen Zoofachgeschäfts! Entscheidend ist nicht das billigste Geschäft, das zehn Fischlein für 'nen Euro verkauft. Und umgekehrt ist das teuerste Geschäft keineswegs zwangsläufig auch das beste.

Der ideale Zoofachhändler hat leider einen Nachteil: Er ist selten und man muss ihn suchen.

Der ideale Zoofachhändler besitzt umfangreiche zoologische und botanische Kenntnisse und kann auch bei Wasserproblemen oder kranken Fischen helfen. Er nimmt sich Zeit für die Beratung und schaut Kunden, die ohne Kauf sein Geschäft verlassen, nicht mürrisch hinterdrein. Er wird auch nicht müde, nötigenfalls mit seinen Erläuterungen noch einmal ganz von vorn zu beginnen. Er berät ausführlich, ohne aufdringlich zu sein. Zugleich lässt er aber genügend Zeit, damit man ohne Druck seine persönliche Entscheidung finden kann. Dem nächsten Kunden begegnet er wiederum so, und das zigmal in der Woche.

Klar, dass eine solche Belastung nur ein Fachhändler tragen kann, der selbst Vollblut-Aquarianer ist. Ebenso klar ist, dass er für die anderen (Routine-)Aufgaben Mitarbeiter einstellen und bezahlen muss. So ein Geschäft kann deshalb kaum das billigste sein. Doch genau hier ist der Einsteiger am besten aufgehoben!

Wie findet man den richtigen Händler?

Fehlt der Tip eines erfahrenen Aquarianers oder eines Vereins, muss man auf die Suche gehen. Dabei meidet man die Hauptgeschäftszeiten (z. B. spätnachmittags, samstags), weil durch den Andrang oft Stress herrscht und eine ausführliche Beratung kaum möglich ist.

Aus dem Telefonbuch schreibt man sich einige Adressen auf und betritt das erste Zoofachgeschäft mit der festen Absicht, noch nichts zu kaufen, sondern sich erst gründlich zu informieren. Nach aufmerksamem Umherschauen bleibt man schließlich vor irgendeinem Becken interessiert stehen. Hier ist der erste Prüfstein: Ignoriert das Personal den Kunden und fühlt sich eher gestört? Oder kommt jemand und bietet unaufdringlich seine Beratung an? Dann fragt man, ob dieser Fisch dort mit dem blauen (gelben, grünen) Schwanz schwierig zu pflegen sei, ob er verträglich mit anderen sei, wie diese Art sich vermehrt, welche Besonderheiten sie hat …

Natürlich kann der Einsteiger die Richtigkeit der Antworten noch nicht beurteilen. Aber die Art der Antworten (fachlich verständlich und kritisch abwägend oder verkaufslauernd alles kurz angebunden bejahend) erlaubt richtungsweisende Rückschlüsse.

Man merkt schnell, wo man wirklich gut aufgehoben ist. Nicht nur beim Einsteigen in die Aquaristik, sondern auch später. Denn mit Sicherheit wird irgendwann das eine oder andere Problem auftauchen, bei dem Rat und Hilfe eines Fachmanns dringend gebraucht werden. Und fairerweise hält man seinem Fachhändler die Treue auch dann, wenn woanders ein Artikel mal ein bisschen billiger ist, denn vom Beraten allein kann niemand leben.

Das richtige Aquarium

Aquarien werden in vielen Formen, Größen und Bauweisen angeboten. Bewährt und besonders für den Anfang sind Aquarien geeignet, die aus Glasscheiben mit Silikonkleber rechtwinklig zusammengeklebt sind. Heutzutage stellen diese Aquarien den Standard dar.

Größe

Das Aquarium soll mindestens 60 cm lang sein (etwa 60 l). Besser sind 80 oder 100 cm (etwa 100 bis 150 l) Länge. Erfahrene Aquarianer wissen bereits: Große Aquarien sehen nicht nur wesentlich eindrucksvoller aus, sie sind auch biologisch stabiler und deshalb erheblich pflegeleichter.

▼ ***Aquarien werden** auch als komplette Sets angeboten.*

Abdeckung

Die Abdeckung muss rutschsicher auf dem Aquarium sitzen. Sie sollte zugleich die Beleuchtung enthalten, und zwar Leuchtstofflampen, die über die ganze Länge des Aquariums reichen. Die Lichtfarbe der Lampen ist fürs Erste unwichtig, und außerdem ist die Leuchte meist bereits fertig mit Lampen bestückt. Wer später variieren möchte, findet in meinem „Handbuch Aquarientechnik" technische und aquaristische Daten.

Zur Fütterung und für Wartungsarbeiten muss die Abdeckung ausreichend große Öffnungen besitzen. Man prüfe, ob man mit der Hand in jede Ecke des Aquariums gelangen kann, z. B. um Pflanzen im Hintergrund einzusetzen oder zu kürzen. Das muss ohne Abnehmen der Abdeckung möglich sein, sonst hat man kein Licht bei der Arbeit.

Unterlage

Der Glasboden des Aquariums muss unbedingt durch eine Unterlage passender Größe geschützt werden. Sie muss fest genug sein, um das beträchtliche Gewicht des Aquariums zu tragen, aber trotzdem nachgiebig sein, um punktartige Druckstellen abzufangen. Ein Glasboden, der durch Unebenheiten punktförmig beansprucht wird, kann platzen! Geeignet sind beispielsweise 0,5 bis 1 cm dicke Platten aus Moosgummi oder Hartschaum („Styropor").

Markenware

Beim Kauf sollte man Billigstware meiden. Meist ist das Geld hinausgeworfen, weil hinterher die Qualität oft herb enttäuscht und ein „richtiger" Kauf notwendig wird. Kein Anbieter kann zaubern. Markenware gibt die Gewähr für saubere Verarbeitung, ausreichend starke Glaswände, haltbare Verklebung und elektrische Sicherheit der Beleuchtung. Gute Aquarien haben heute eine Lebenserwartung von mindestens zehn Jahren. 15 oder 20 Jahre sind keine Seltenheit.

Prüfzeichen

Aquarien und Aquariengeräte mit GS-Zeichen oder TÜV- bzw. VDE-Zeichen sind unbedingt zu bevorzugen! Von solcherart gekennzeichneten Artikeln wurden Baumuster in autorisierten Prüfinstituten untersucht. Dort haben unabhängige Fachleute nach eingehender technischer Prüfung bescheinigt, dass beim Gebrauch keinerlei Gefahren für den Benutzer zu erwarten sind. Denn bekanntlich sind Wasser und elektrischer Strom eine äußerst lebensgefährliche Mischung!

GUT ZU WISSEN

Die Prüfung betrifft nur die Technik, insbesondere die elektrische und mechanische Sicherheit. Nicht geprüft werden Werbeaussagen wie etwa „kinderleichte Reinigung" oder „biologisch besonders geeignet".

Das CE-Zeichen ist in der EU behördlich vorgeschrieben. Aber bei vielen Produkten darf es der Hersteller beziehungsweise Importeur leider ohne vorherige Prüfung durch unabhängige Fachleute anbringen. Das CE-Zeichen ist deshalb keinesfalls ein Ersatz für GS-, TÜV- oder VDE-Prüfzeichen, die für sichere Produkte stehen!

GUT ZU WISSEN

GS-Symbol	TÜV-Symbol	VDE-Zeichen
Geprüfte Sicherheit	Technischer Überwachungs-Verein	Verband Deutscher Elektriker

TIPP

Mangrovenwälder auf Stelzen im Gezeitenbereich der Küste (Thailand). Lebensraum von Brackwasserfischen, zu denen auch einige Aquarien-Kugelfische gehören.

Zubehör

Der Zoofachhändler wird auch einen passenden Filter und eine Heizung anbieten. Unter den vielen Bauarten und Größen fällt die Auswahl schwer. Der Einsteiger ist überfordert und muss sich beraten lassen. Später wird der angehende Aquarianer in die Geheimnisse der Aquarientechnik eindringen und kann dann die verschiedenen Filter und Heizer selbst richtig beurteilen.

Eine Dekorationsrückwand ist empfehlenswert. Sie verhindert, dass man zwischen den Fischen und Pflanzen hindurch die Zimmerwand sieht. Zur Montage hinter der Rückscheibe des Aquariums, also außerhalb im Trockenen, bietet der Zoofachhandel Plastikfolien an, die mit den verschiedensten Aquarienmotiven bedruckt sind.

Sehr gut wirkt ein mattschwarzer Hintergrund. Er bringt die Farben von Fischen und Pflanzen besonders kontrastreich zur Geltung. Außerdem gewinnt das Aquarium optisch an Tiefe.

Falls nicht erhältlich, kann man eine solche Rückwand selbst herstellen, z. B. aus schwarzem Samt, der mit groben Stichen auf eine Styroporplatte genäht oder geklebt wird (Spezialkleber erforderlich).

Rückwände zur Montage im Aquarium selbst, also im Wasser, haben den Nachteil, dass sie bei Verschmutzung oder Veralgung kaum zu reinigen sind.

Nützlich ist ein nicht zu kleines Fangnetz, das in der Diagonale mindestens 15 cm messen sollte. Die Öffnung muss rechteckig sein, denn runde Netze bieten den Fischen zu große Fluchtchancen. Man jagt nicht etwa mit dem Netz hinter dem Fisch her, sondern lehnt es absolut ruhig mit einer Schmalseite an die Frontscheibe. Mit einem anderen Gegenstand (Kochlöffel, zweites Fangnetz o. Ä.) treibt man den Fisch ganz behutsam in das Netz und zieht es dann rasch hoch. Oder man klappt es zunächst mit der Öffnung gegen die Scheibe und zieht es dann hoch.

Auf weiteres Zubehör kann man vorerst verzichten. Man braucht es nicht unbedingt oder lässt es sich später schenken (zum Geburtstag, Ostern, Weihnachten …), wie z. B. eine Schaltuhr für das Licht, eine CO_2-Anlage, ein Futterautomat usw.

Der richtige Platz

Das Aquarium stellt man dort auf, wo man es vom Lieblingsplatz aus bequem beobachten kann. Folgende Grundregeln müssen dabei beachtet werden:

Das Aquarium darf nicht am Fenster stehen. Auch vor längerem Sonnenlicht soll es geschützt bleiben, denn sonst sind Algenplagen kaum vermeidbar. Die elektrische Beleuchtung ist weitaus besser geeignet als das Tageslicht, denn sie ist leicht und optimal an den Lichtbedarf des Aquariums anpassbar.

Kein Spiegel für Fenster oder Leuchten!

In der Frontscheibe des Aquariums dürfen sich weder Fenster noch Leuchten spiegeln. Die hellen Lichtreflexe stören den Einblick ins Aquarium unerträglich stark.

Hier sind besondere Sorgfalt und kritisches Nachdenken erforderlich. Am besten nimmt man den Spiegel aus dem Badezimmer und stellt ihn dort hin, wo später das Aquarium stehen soll. Im Spiegel darf vom Betrachtungsplatz aus kein Fenster und keine Leuchte zu sehen sein. Wer hier schludert, wird jeden Abend nach dem Einschalten der Zimmerbeleuchtung daran erinnert! Und ein fertig eingerichtetes Aquarium lässt sich später nicht einfach woanders hinstellen.

Richtiges Aufstellen

1 l Wasser wiegt 1 kg. Ein 60-l-Aquarium wiegt mithin 60 kg zuzüglich des Gewichts der Glasscheiben mit etwa 18 kg, also zusammen rund 80 kg. Ein betriebsfertiges 100-l-Aquarium wiegt rund 130 kg. Und dieses Gewicht muss vom Unterbau des Beckens absolut standfest getragen werden!

Der Unterbau

Am einfachsten kauft man zusammen mit dem Aquarium auch einen passenden Aquarienschrank. Damit hat man die Gewähr für einen wirklich stabilen Unterbau und zugleich einen guten Platz zur Aufbewahrung von Aquarienzubehör, das erfahrungsgemäß im Laufe der Zeit immer umfangreicher wird.

◂ ***Am einfachsten*** *ist es, wenn man einen passenden Unterschrank gleich mit dem Aquarium zusammen kauft.*

TIPP

Das Heizkabel wird schlangenförmig verlegt und darauf der Bodengrund ausgebreitet. Die Styroporplatte schützt die Bodenscheibe vor Punktbelastungen; das Überstehende wird mit einer scharfen Rasierklinge abgeschnitten.

Auf den Unterbau legt man zunächst die mitgekaufte Bodenplatte (siehe im Kapitel „Das richtige Aquarium“). Darauf wird vorsichtig das leere Aquarium abgestellt. So wird vermieden, dass kleinste Unebenheiten den Aquarienboden punktförmig belasten und die Bodenscheibe zum Platzen bringen können. Überstehendes Material lässt sich mit einem scharfen Messer oder einer neuen Rasierklinge sauber abschneiden. Am besten probiert man das erst einmal an einem Abfallstück.

Die Füße des Unterbaus sollen in der Höhe verstellbar sein, damit eventuelle Unebenheiten des Fußbodens leicht ausgeglichen werden können. Nicht selten wölbt sich der Fußboden nahe der Wand etwas hoch.

Probefüllung

Nun wird das Aquarium randvoll mit Wasser gefüllt. Siehe hierzu das Kapitel „Wassertechnik“. Die Probefüllung verfolgt zwei Ziele: Zum einen wird das Aquarium auf Dichtheit geprüft. Zum anderen verrät der Wasserspiegel jeden Schiefstand. Der Ausgleich erfolgt durch Verstellen der Füße am Unterschrank, was aber des Gewichts wegen oft nur nach teilweisem Wiederablassen des Wassers gelingt.

Es empfiehlt sich, bei gefülltem Aquarium mehrmals mit festen Schritten durch das Zimmer zu gehen. Manche Fußböden federn und das Wasser schwappt dann aus dem Aquarium heraus. Besonders die alten Dielen-Fußböden haben diese Unart. Dann muss man entweder einen anderen Aufstellplatz wählen oder versuchen, den Unterbau mit kräftigen Schrauben noch zusätzlich an der Wand zu befestigen.

Sind alle Proben bestanden, wird das Wasser wieder abgelassen. Bei leerem Aquarium, also am unbelasteten Unterbau, prüft man durch sanftes Rütteln, ob alle Füße ungefähr gleichmäßig tragen. Dann kann die Einrichtung des Aquariums beginnen.

Einrichten des Aquariums

Eine gewisse Reihenfolge der Arbeiten muss eingehalten werden, weil manche Arbeitsgänge im Nachhinein problematisch werden.

Aquarienrückwand

Eine Rückwand, die außen hinter dem Aquarium steht, hat den Vorteil, dass Veralgen oder

▲ ***Motorbetriebene Außenfilter*** *werden in den verschiedensten Größen angeboten.*

Verschmutzen ausgeschlossen sind. Sie muss als erstes angebracht werden, bevor das Aquarium dicht an die Wand gerückt wird. Wenn die Rückwand nicht von selbst steht (z. B. schwarzer Samt auf Styropor), kann man sie mit durchsichtigem Klebeband befestigen.

Wenn es sich um eine Rückwand handelt, die innerhalb des Aquariums aufgebaut wird, sollte sie auch als erstes montiert werden, spätestens jedoch vor dem Einbringen des Bodengrunds.

Heizkabel

Nicht wenige Pflanzenfreunde schwören auf die wuchsanregende Wirkung eines Heizkabels mit geringer Heizleistung. Wenn, dann muss es jetzt auf dem Boden des Aquariums schlangenförmig ausgelegt werden. Nachträglicher Einbau ist nur unter größeren Schwierigkeiten möglich. Eventuell mitgelieferte Kabelhalter erleichtern die Arbeit, sind aber nicht unbedingt erforderlich. Störrische Heizkabel lassen sich oft leichter verlegen, wenn man sie kurzzeitig einschaltet und handwarm erwärmt.

Bodengrund

Auf dem Heizkabel wird der Bodengrund ausgebreitet. Bewährt hat sich Kies mit einer Korngröße von 1–2 mm. Es sollte Flusskies sein, denn er hat abgeschliffene Kanten. Grubenkies ist scharfkantig und kann bei bodenwühlenden Fischen, wie etwa Welsen, Verletzungen verursachen.

Die Pflanzen danken es, wenn der Bodengrund nicht zu niedrig bemessen ist. Bei einem kleinen 60-cm-Aquarium sollte er mindestens 6 cm hoch sein, bei einem 100-cm-Aquarium mindestens 8 cm. Man benötigt dafür etwa folgende Mengen an Bodenmaterial:

GUT ZU WISSEN

Grundfläche in cm	Bodenhöhe in cm	Materialmenge in l	in kg
60 × 30	6	11	17
80 × 35	7	20	30
100 × 40	8	32	50

Pflanzen wachsen wesentlich kräftiger und farbenprächtiger, wenn der Bodengrund nicht nur aus reinem Kies besteht, sondern nährstoffreich ist. Im Zoofachhandel sind nahrhafte Bodenzusätze erhältlich, die nach Gebrauchsanweisung beigemischt werden. Eine Schicht mit gewaschenem Kies deckt die Oberfläche ab.

Filter, Heizung

Nun werden nach beigefügter Gebrauchsanweisung der Filter installiert sowie eventuell ein Stabheizer, der zweckmäßig zugleich einen Thermostaten enthalten sollte (Reglerheizer).

Falls im Heizer kein Thermostat eingebaut ist, wird jetzt der Temperaturfühler an einem größeren Stein mit einem Nylonfaden festgebunden und an passender Stelle in das Aquarium gelegt. Auf sichere Befestigung ist ganz besonders zu achten. Plastiksauger können sich lösen! Warum der Fühler absolut sicher befestigt sein muss, steht ausführlich im Kapitel „Heizung, Thermostat".

Das Wasser

Welches Wasser?

Für das erste Aquarium ist das Leitungswasser aus dem öffentlichen Netz in eigentlich allen Fällen bestens geeignet. Besonders, wenn die Karbonathärte ungefähr im Bereich 4–15 °d liegt (ggf. beim Wasserwerk nachfragen). Derartiges Wasser ist hinreichend stabil und die meisten Fische sind damit vollauf zufrieden.

Wenn später der Wunsch nach Fischzucht oder schwierig zu haltenden Fischen wach wird, kann eine aufwendigere Wasseraufbereitung, insbesondere eine Enthärtung, notwendig werden. Bei der Auswahl und Handhabung der verschiedenen Verfahren (Torf, Ionenaustauscher, Teilentsalzung, Vollentsalzung, Umkehrosmose) berät das „Handbuch Aquarienwasser".

Frisches Leitungswasser wirkt nicht selten aggressiv auf die Schleimhäute und Kiemen der Fische.

Die Praxis zeigt, dass in einem ganz neu eingerichteten Aquarium, und ebenso wenn die Hälfte des Wassers oder mehr auf einmal gewechselt wird, leicht Krankheiten ausbrechen. Es empfiehlt sich, dem Wasser einen „Frischwasserzusatz" zuzugeben. Er enthält u. a. organische Substanzen, die als sogenannte Schutzkolloide die Schleimhäute und Kiemen gegen aggressives Wasser schützen. Der „Frischwasserzusatz" wird nur einmal zugegeben, beim Teilwasserwechsel nur entsprechend der Menge an Frischwasser.

TIPP

Fische fühlen sich erst richtig wohl in einem gut bepflanzten Aquarium.

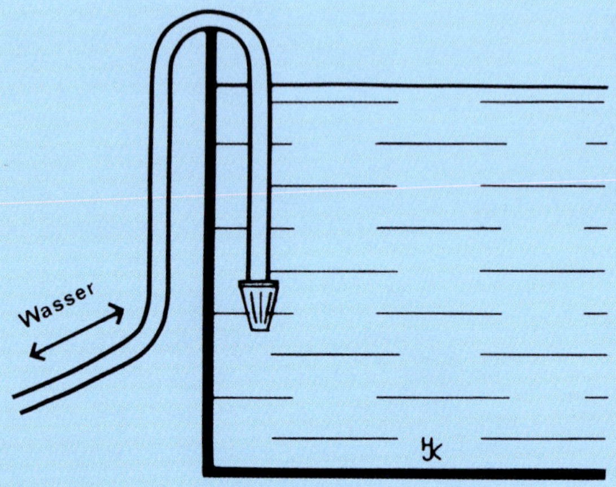

TIPP

Das aquarienseitige Ende des Schlauchs erhält einen Krümmer (Filterzubehör) und wird über den Aquarienrand gehängt. Beim Entleeren bestimmt die Länge des Innenrohrs, wie weit das Wasser aus dem Aquarium abläuft, z. B. bei einem Teilwasserwechsel. Der aufgesteckte Korb (Filterzubehör) entschärft beim Füllen den Wasserstrahl und verhindert beim Entleeren, dass kleine Fische mitgesaugt werden.

Das Leitungswasser enthält mitunter überschüssige gelöste Luft. Nach dem Einfüllen bilden sich dann feine Luftbläschen, die alles im Aquarium überziehen: Glasscheiben, Dekoration, Pflanzen und – was das Ärgste ist – auch die Fische und ihre feinen Kiemen.

Bei der Erstbefüllung des Aquariums kann dieser Effekt besonders stark sein, weil das stark lufthaltige Wasser nicht mit älterem Aquarienwasser verdünnt wird. Dann lässt man das Wasser zunächst einige Stunden stehen und rührt gelegentlich um, um den Luftüberschuss zu entfernen.

Wassertechnik

Ein Aquarium füllt man am besten nicht mit dem Eimer. Das hinterlässt unweigerlich Wasserspuren auf Möbeln und Teppich, besonders der erste Schwall beim Eingießen in das Aquarium.

Für kleine Aquarien nimmt man zum Wassereinfüllen eine Gießkanne und dreht die Regentülle nach unten. Ist die Füllöffnung zu klein, nimmt man die Tülle ab und lässt man Strahl auf einen Teller oder die flache Hand prallen.

Für größere Aquarien ab 80 l nimmt man zum Wassereinfüllen besser einen Wasserschlauch und schließt ihn an den Wasserhahn an. Der Schlauch muss etwa 12 mm Innendurchmesser haben. Das eine Ende versieht man mit einem ¾-Zoll-Gewindeanschluss und Schlauchschelle (vom Baumarkt). Das aquarienseitige Ende erhält einen Auslaufkrümmer (Zoofachhandel), den man wie den Griff eines Regenschirms über den Rand des Aquariums hängt. Der Krümmer sollte zusätzlich gesichert werden, z. B. indem man ihn zwischen Aquarienrand und Abdeckung einklemmt. Dann wird der Wasserhahn sehr vorsichtig geöffnet. Ein zu kräftiger Strahl lässt das Wasser aus dem Aquarium herausspritzen. Außerdem könnte sich der Auslauf durch den Wasserdruck aus dem Aquarium herausheben.

Zum Entleeren des Aquariums hält man ein Ende eines etwa 2 m langen Plastikschlauchs in das Aquarium, saugt am anderen Ende kurz an und lässt dann das Wasser in einen auf dem Boden stehenden Eimer laufen.

Beim Ansaugen soll aus hygienischen Gründen kein Wasser in den Mund gelangen. Man saugt deshalb aufrecht im Stehen an, so dass das Schlauchende genügend hoch über dem Wasserspiegel im Aquarium bleibt. Es genügt, wenn das Wasser den Rand des Aquariums überwunden hat und abwärts zu laufen beginnt.

Das Schlauchende muss tiefer als der Wasserspiegel im Aquarium liegen, also z. B. in der Badewanne. Damit das Wasser zu laufen beginnt, muss man es zunächst ansaugen.

Oder man greift zu folgendem Trick: Zunächst schließt man den Schlauch wie beim Füllen beschrieben an die Wasserleitung an und lässt 1–2 l in das Aquarium laufen. Auf diese Weise wird die Luft aus dem Schlauch entfernt. Dann schließt man den Hahn, schraubt den Schlauch ab, legt das Ende in die Badewanne, und schon beginnt das Wasser zu laufen!

Damit beim Abschrauben das Wasser nicht vorzeitig aus dem Schlauch läuft, wird er mit einer Hand in einer Schlaufe ganz eng zusammengeknickt und damit der Durchlauf vorübergehend gesperrt.

Die Pflanzen

Pflanzen wirken im Aquarium dekorativ und bieten Versteckplätze für die Fische. Außerdem liefern sie Sauerstoff und nehmen einen Teil der anfallenden Stickstoffverbindungen und Phosphate auf.

Welche Pflanzen?

Empfehlungen für bestimmte Pflanzen werden hier nicht gegeben. Erstens ist der Geschmack sehr verschieden, und zweitens hat der Händler meist die Wunschpflanzen gerade nicht da. Man schaue sich also sein Angebot an und frage ausdrücklich nach Pflanzen für Einsteiger. Wer später sein Herz für Aquarienpflanzen entdeckt, dem sei das Buch „Ihr Hobby Aquarienpflanzen“ empfohlen. Es enthält wertvolle Pflegehinweise, Einrichtungsvorschläge sowie Abbildungen von prächtigen Pflanzen und weitere Tipps.

Wie viele Pflanzen?

Das Aquarium muss von vornherein einigermaßen dicht bepflanzt werden. Die Erwartung,

TIPP

Eine prächtige *Barclaya longifolia* mit walnussgroßen Blüten, aus denen nicht selten bereits fertige Jungpflanzen hervorkommen.

TIPP

Düngung hat einen großen Einfluss auf das Pflanzenwachstum. Beide Sprosse der *Bacopa amplexicaulis* wuchsen in demselben Aquarium auf und waren vor Versuchsbeginn gleich groß. Der Bodengrund war jedoch geteilt: links mit Nährstoffen angereichert, rechts nur magerer Kies.

ein halb kahles Becken würde schon von selbst dichtwachsen, erfüllt sich selten. Eigenartigerweise entwickelt sich ein produktives Wuchsklima in einem dicht bepflanzten Aquarium um Vieles leichter als in einem kahlen Becken.

Es ist also sinnvoll, zunächst viele preisgünstige Pflanzen einzusetzen. Sobald sich ein produktives Wuchsklima eingestellt hat, kann man sie nach und nach gegen anspruchsvollere (und teurere) Pflanzen austauschen.

Einpflanzen

Das Einpflanzen gelingt am leichtesten, wenn das Aquarium nur zur Hälfte mit Wasser gefüllt ist. Es wird dabei nämlich derart trüb, dass man durch die Frontscheibe nichts mehr sehen kann, aber von oben behält man einigermaßen die Übersicht. Auch erzeugen die Handbewegungen weniger Wasserwirbel, die den Boden aufwühlen und schon eingesetzte Pflanzen unter Umständen wieder hochtreiben lassen.

Vor dem Wassereinfüllen wird im Aquarium auf dem Bodengrund eine Zeitung oder etwas ähnliches ausgebreitet. Sie verhindert, dass der Boden zu sehr aufgewirbelt wird. Ist das Aquarium zur Hälfte gefüllt, wird die nasse Zeitung herausgenommen, und das Einpflanzen kann beginnen.

Es versteht sich, dass im Vordergrund klein bleibende Arten gepflanzt werden sollten, und als Hintergrund z. B. langwüchsige Stängelpflanzen, die bei Bedarf eingekürzt werden.

In Töpfen kultivierte Pflanzen nimmt man heraus und entfernt Steinwolle und Schaumstoff. Die Wurzeln werden beim Einpflanzen trotz großer Sorgfalt immer beschädigt und faulen dann im Boden. Deshalb schneidet man sie mit einer Schere bis auf etwa 4 cm zurück. Ein eventuell vorhandener Wurzelstock darf natürlich nicht beschädigt werden! Man steckt die Pflanze sehr tief in den Boden hinein und zieht sie dann so weit wieder heraus, wie sie vorher im Topf gesessen hat. So wird erreicht, dass die Wurzeln gerade sitzen.

Sind Stängelpflanzen zu lang (z. B. *Cabomba*, *Bacopa*), dann schneidet man sie 3–5 mm unterhalb eines Knotens ab. Aus dem Knoten wachsen später die Wurzeln heraus. Die Blätter an diesem Knoten lässt man dran (obwohl dadurch die Wurzelbildung etwas erschwert wird), weil sonst die Pflanzen zu leicht aus dem Boden herausrutschen.

Beim Bepflanzen ist das Wasser durch das Aufwühlen des Bodengrunds undurchsichtig trüb geworden. Man lässt es deshalb so weit wie möglich ab und füllt etwa die gleiche Menge frisches Leitungswasser vorsichtig ein. Das wird mehrfach wiederholt, bis das Wasser einigermaßen klar bleibt. Ganz klar muss es nicht sein, weil die meisten Trübstoffe sich im Laufe der Zeit auch von selbst absetzen.

Die Fische

Der nächste Schritt auf dem Wege zum ersten Aquarium wäre eigentlich der Kauf der Fische. Aber der erfahrene Aquarianer weiß, dass ein ganz neu eingerichtetes Aquarium lebensfeindlich für Fische ist. Deshalb ist jetzt besondere Zurückhaltung angebracht.

TIPP

Aquarium bepflanzen und vor dem Einsetzen der Fische erst über drei Wochen einfahren. Wie man das macht, beschreibt das Kapitel „Richtiges Einfahren" (S. 17).

Das Warten fällt jedem Einsteiger natürlich sehr schwer, denn er hat sich ja das Aquarium gerade der Fische wegen zugelegt. Also, wenn man sich mit dem Kauf der Fische wirklich nicht so lange gedulden kann, und es schon nach einer Woche

▲ **Die Regenbogenfische** *beeindrucken durch ihre Form und Farbenpracht, beispielsweise hier Melanotaenia boesemani und Glossolepis incisus.*

unbedingt sein muss, dann dürfen es aber nur **sehr** wenige sein. Sonst verdirbt das Wasser im Handumdrehen, und die Fische sterben unweigerlich!

GUT ZU WISSEN

Zu frühes Einsetzen der Fische ist der häufigste Anfängerfehler! Meist müssen ihn die Fische mit dem Leben bezahlen! Unbedingt das Kapitel „Richtiges Einfahren" (Seite 17) lesen.

Welche Fische?

Wie schon bei der Auswahl der Pflanzen, so werden hier auch keine Empfehlungen für den Kauf bestimmter Fische ausgesprochen. Man bitte den Zoofachhändler um Rat, denn neben dem persönlichen Geschmack ist sein Vorrat an Fischen zunächst ausschlaggebend. Er weiß auch, welche Fischarten sich untereinander vertragen. Für den Anfang wird er robuste Fische empfehlen, die leichte Pflegefehler nicht sofort verübeln. Was nicht heißt, dass solche Fische unattraktiv oder langweilig sein müssen. Wahrscheinlich werden darunter auch Lebendgebärende sein, also Fische, die keine Eier legen, sondern lebendige Junge zur Welt bringen. Interessante Fische! Oder bunte Neonsalmer, die sich zu einem schillernden Schwarm zusammenschließen. Oder Siamesische Kampffische, die Schaumnester bauen. Oder …

Später wird man sich auch anderen und vielleicht schwieriger zu pflegenden Fischen zuwenden. Für fast jeden Fisch gibt es umfangreiche Spezialliteratur, die bei Haltung und Zucht entscheidende Hilfe geben kann.

Wie viele Fische?

Unter der Bedingung, dass das Aquarium und der Filter wirklich eingefahren sind, rechnet man nach einer Faustformel bis zu 0,5 cm Fischlänge (ausgewachsen!) pro Liter Wasser. Das wären in einem 100-l-Aquarium zehn Fische, die ausgewachsen eine Länge von etwa 5 cm erreichen, wie z. B. Platys, Schwertträger oder Mollys.

Der dichte Fischbesatz in den Händlerbecken ist **kein** Freibrief dafür, zu Hause genau so zu verfahren. Das ist Massentierhaltung, wie sie handelsbedingt wohl unvermeidbar ist, aber keine naturorientierte Fischpflege.

Wer einmal in tropischen Gewässern getaucht ist, weiß, dass es derartige Fischdichten durchaus gibt. Aber nur innerhalb von Fischschwärmen! Und zwischen den ruhelos umherwandernden Fischschwärmen gibt es 20–50 m ringsherum nichts – nur Wasser.

Ich selbst bevorzuge Aquarien, die reichlich bepflanzt sind und – wie in der Natur – weit weniger Fische enthalten, als die Faustformel zulässt.

Fischtransport

Fische werden üblicherweise im Plastikbeutel transportiert. Die unteren Ecken des Beutels sollen rund sein. Bei eckigen Beuteln besteht vor allem beim Hinstellen die Gefahr, dass die Zipfel einknicken und Fische einklemmen.

Der Transportbeutel soll nur zu ¼ mit Wasser gefüllt sein und der Rest prall mit Luft. So sind die Fische am besten mit Sauerstoff versorgt. Warum?

Wasser enthält etwa 8 mg/l Sauerstoff, Luft dagegen 280 mg/l. Sogar unsere ausgeatmete, „verbrauchte" Luft enthält 220 mg/l, also das 27fache von dem, was die gleiche Menge Wasser enthält. Sobald im Transportbeutel der Sauerstoff im Wasser abnimmt, diffundiert neuer aus dem großen Luftvorrat hinein.

Wir wollen zum Beispiel zwölf Neonfischchen transportieren. Jedes Tier braucht stündlich etwa 0,35 mg Sauerstoff, alle zusammen also 4,2 mg pro Stunde. Wenn der Transportbeutel voll mit einem Liter Wasser (= 8 mg O_2) gefüllt ist, dann könnten die Fischchen darin kaum zwei Stunden überleben. Wird aber der Beutel nur zu ¼ mit Wasser und dafür mit ¾ Luft gefüllt, dann steht ein Sauerstoffvorrat von 2 + 210 = 212 mg zur Verfügung. Darin könnten diese zwölf Fischchen 50 Stunden, also zwei Tage überstehen!

Auf dem Heimweg darf das Wasser mit den Fischen nicht auskühlen. Meist genügt es, wenn

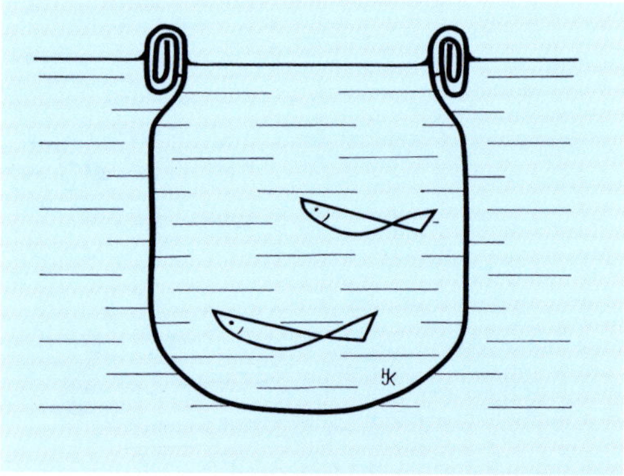

◀ ***Der Tütenrand*** *wird mehrmals nach außen umgekrempelt und dient durch seine Lufteinschlüsse als Schwimmrand.*

GUT ZU WISSEN

Versteckplatz von Segelflossern, *Pterophyllum scalare*. In dem vom Ufer herabhängenden dichten Buschwerk finden sie sicheren Unterschlupf (Rio Negro, Brasilien).

man den Transportbeutel in Zeitungspapier einwickelt. Das Papier dient zugleich als Sichtschutz und mindert die Schreckreaktionen der Fische beim Transport. An kalten Tagen wickelt man einen dicken Pullover um den Beutel und steckt das Ganze in eine Plastiktüte, damit keine kalte Luft in den wärmeisolierenden Pullover dringt.

Einsetzen

Zu Hause angekommen, öffnet man den Beutel und krempelt den Rand mehrmals nach außen zu einem Wulst um. Dann setzt man den Beutel in das Aquarium. Er schwimmt an der Oberfläche, weil der aufgekrempelte Rand Luft enthält und als Schwimmring dient.

So gleicht sich die Temperatur des Transportwassers allmählich an die Temperatur im Aquarium an. Nach einer halben Stunde gießt man Wasser aus dem Aquarium zu und belässt die Fische für eine weitere halbe Stunde in dem Mischwasser, damit sie sich etwas an das neue Wasser gewöhnen können. Das kann man mehrmals wiederholen, wobei man u. U. erst etwas Wasser aus dem Beutel fortgießen muss, und zwar sicherheitshalber in einen Eimer, falls ein Fisch mitrutschen sollte.

Schließlich werden die Fische in das Aquarium gesetzt: Man gießt das Wasser aus dem Beutel so weit wie möglich in den Eimer ab, damit möglichst wenig von dem Transportwasser in das Aquarium gelangt. Der Rest wird zusammen mit den Fischen vorsichtig in das Aquarium entleert, wobei man die Öffnung möglichst weit aufhält und darauf achtet, dass kein Fisch eingeklemmt wird oder gar zurückbleibt.

Richtiges Einfahren

In einem Aquarium sind Fische und Pflanzen bei Weitem nicht die einzigen Lebewesen. Riesige Heerscharen von Kleinstlebewesen siedeln überall im Aquarium, besonders aber im Filter. Sie sorgen dafür, dassdas Aquarienwasser biologisch einwandfrei bleibt. Denn Futterreste und Fischkot würden das Wasser in kurzer Zeit völlig vergiften, wenn es nicht Bakterien gäbe, die derartige giftige Abfälle (z. B. Ammoniak und Nitrit) in relativ harmlose Stoffe (z. B. Nitrat) umwandeln könnten.

Aber in einem neuen Aquarium gibt es diese überaus wertvollen Bakterien noch nicht in genügender Zahl, sondern erst in einem „einge-

▲ ***Skalare bei*** *der Laichpflege im Aquarium.*

fahrenen" Aquarium. Fische, die in ein nagelneues Aquarium eingesetzt werden, würden in kurzer Zeit sterben.

GUT ZU WISSEN

Zu frühes Einsetzen der Fische ist der größte und häufigste Anfängerfehler überhaupt! Unzählige Fische bezahlen diesen Fehler mit ihrem Leben!

Woher solche Bakterien nehmen? Eigentlich kommen sie recht häufig vor, zum Beispiel in guter Gartenerde, in lockerem Waldboden und natürlich in jedem Aquarienfilter, der bereits eingefahren ist. Man muss diese überaus wichtigen Bakterien nur in dem neuen Aquarium ansiedeln und dort kräftig vermehren. Wenn man genügend Geduld hat, dann siedeln sich diese Bakterien auch von selbst im Aquarium an, denn sie sind in geringer Konzentration praktisch überall zugegen, und wirbeln nicht selten zu Staub getrocknet durch die Luft. Viel besser und sicherer aber ist es, man impft das Aquarium mit Bakterien an. Dazu gibt es mehrere Möglichkeiten:

- Man gibt zwei Hände voll lockerer Garten- oder Laubwalderde in einen kleinen Eimer. Mit einigen Litern Wasser spült man die Erde kräftig durch und lässt sie sich dann kurze Zeit absetzen. Das einigermaßen klar überstehende Wasser gießt man in das Aquarium. Ein Teil der herausgespülten Bakterien wird sich dann im Aquarienfilter ansiedeln, der natürlich ständig eingeschaltet sein muss.
- Man bittet einen Aquarienfreund um etwas gebrauchtes, nicht ausgespültes Material aus seinem Filter. Dort sind eine Menge Bakterien angesiedelt! Dieses wertvolle Stück legt man in seinen eigenen neuen Filter und zwar möglichst nahe am Wassereinlauf.
- Im Zoofachhandel gibt es Bakterienkonzentrate als Fertigpräparate zu kaufen, die dem Aquarium nach Gebrauchsanweisung zugesetzt werden können.

Ganz gleich, welche der drei aufgezeigten Möglichkeiten man wählt, das neue Aquarium enthält nun einen kleinen Bakterienstamm, der jetzt kräftig vermehrt werden muss. Das gelingt am besten, indem man ganz so tut, als hätte man schon alle Fische im Aquarium. Das heißt, man lässt alles betriebsmäßig laufen (Filter, Beleuchtung, Heizung) und gibt jeden Tag Futter in das Aquarium. Ganz so, als ob wirklich Fische drin wären!

Man muss die Bakterien füttern und damit auf ihre Aufgaben vorbereiten.

Das zugegebene Futter wird im Wasser verderben, auch wird das Wasser trüb werden. Dies alles schadet den bereits eingesetzten Pflanzen nicht. Aber der kleine Bakterienstamm wird gemästet. Vor allem im Filter entwickeln sich leistungsfähige Kolonien!

TIPP

Die *Limnophila* ist eine beliebte Aquarienpflanze. Hier am natürlichen Standort in Süd-Thailand.

Nach etwa drei bis vier Wochen dürfte das Aquarium eingefahren sein. Dann kann man bedenkenlos Fische einsetzen.

Der Einfahrprozess lässt sich leicht verfolgen, indem man alle zwei bis drei Tage den Nitritgehalt misst (Nitrittest im Zoofachhandel erhältlich). Er wird von Null nach wenigen Tagen stark ansteigen und kann mehrere Milligramm pro Liter erreichen, also absolut fischtödliche Werte.

Sobald 0,2 oder gar 0,5 mg/l Nitrit erreicht sind, muss sofort die Hälfte des Wassers gewechselt werden. Fütterung absolut einstellen! Die Fische verhungern nicht so rasch, sie sterben viel eher an Nitritvergiftung. Die Zeit etwa eine Woche nach der Neueinrichtung ist besonders kritisch.

Wenn der Nitritgehalt später wieder langsam unter 0,1 mg/l NO_2 gefallen ist, dann sind Aquarium und Filter fertig eingefahren.

Wer ganz sicher gehen will, der überwacht nicht nur den Gehalt an Nitrit, sondern auch den Gehalt an Ammoniak (NH_3). Mengen unter 0,02 mg/l sind harmlos, ab 0,20 mg/l besteht akute Gefahr. Der Messaufwand ist wesentlich höher, weil zugleich der pH-Wert bestimmt und eine Hilfstabelle benutzt werden müssen. Näheres siehe im Teil Aquarienchemie.

Erfahrungsgemäß werden aber beim Einfahren die Mineralisierungstufen vom Ammoniak zum Nitrit leichter überwunden als die vom Nitrit zum Nitrat. Deshalb ist weniger mit Problemen durch Ammoniak, sondern eher mit gefährlichen Nitritspitzen zu rechnen.

Tech

Aquarientechnik

Einerseits erleichtert die moderne Aquarientechnik die Pflege eines Aquariums erheblich, doch andererseits stellt sich die Frage, was wirklich sinnvoll ist und was man haben sollte.

Die moderne Technik macht die Aquarienpflege leicht. Wer aber meint, je mehr Technik, desto sicherer der Erfolg, der irrt! Kein Computer erkennt, wenn z. B. ein Fisch die Flossen klemmt, weil ihn Parasiten quälen. Oder wenn zu viel Futter übrig bleibt. Oder der Filter zugesetzt ist. Oder, oder …

Auch die beste und teuerste Technik kann den Pfleger, sein Auge und vor allem sein Einfühlungsvermögen nicht ersetzen.

Die Technik ist und bleibt stets nur ein Hilfsmittel. Eine alte Bauernweisheit sagt: „Das Auge des Herrn macht das Vieh fett". Genau das gilt sinngemäß auch für das Aquarium!

Hier erfährt der Einsteiger das Wichtigste über Aquarientechnik. Den vollen Durchblick vermittelt mein „Handbuch Aquarientechnik".

Die Beleuchtung

Die Fische brauchen prinzipiell keine zusätzliche Beleuchtung, das diffuse Tageslicht genügt ihnen vollauf. Die meisten Fische mögen es überhaupt nicht so hell, sondern bevorzugen schattige Verstecke. Aber die Pflanzen brauchen ausreichend Licht zum Wachsen. Außerdem können wir das interessante Leben im Aquarium ohne Beleuchtung kaum richtig beobachten.

Das Tageslicht ist aquaristisch wenig geeignet. Seine Dauer und Lichtstärke schwanken stark je nach Jahreszeit und Witterung.

Am besten stellt man Aquarien grundsätzlich nicht am Fenster auf und vermeidet direktes Sonnenlicht. Anderenfalls könnte es, besonders im Sommer, leicht zu einer Massenvermehrung lästiger Algen kommen, die das Wasser in eine trüb-grüne Brühe verwandeln (Wasserblüte). Es hat sich bewährt, Aquarien ausschließlich elektrisch zu beleuchten. Lichtstärke, Beleuchtungsdauer und Farbzusammensetzung lassen sich dem jeweiligen Bedarf entsprechend leicht anpassen.

Aquarienleuchten

Der Licht-Fachmann unterscheidet streng die Begriffe „Leuchte" und „Lampe". In der Umgangssprache nimmt man es oft nicht so genau, und es können Missverständnisse entstehen:

▲ ***Durch die** terassenartige Bepflanzung gewinnt das Aquarium optische Tiefe.*

GUT ZU WISSEN

Leuchte = Dekorativ-funktionelles Gehäuse für die auswechselbare Lichtquelle (umgangssprachlich oft Lampe).
Lampe = Die eigentliche Lichtquelle (umgangssprachlich oft: Birne, Röhre, Brenner).

Bekanntlich sind Wasser und Strom eine lebensgefährliche Mischung. Deshalb nur Aquarienleuchten mit VDE- oder GS-Zeichen benutzen! Solche Leuchten erfüllen alle Sicherheitsvorschriften. Es ist gefährlich, eine Leuchte am Aquarium zu betreiben, die nicht ausdrücklich als **Aquarien**leuchte ausgewiesen ist. (etwa eine billigere Terrarienleuchte). Aquaristisch unterscheidet man Abdeckleuchten und Hängeleuchten.

Bewährt und am weitesten verbreitet sind die **Abdeckleuchten**, Kombinationen aus Aquarienleuchte und -abdeckung. Sie liefern ein angenehmes, blendfreies Licht und sind durchweg mit Leuchtstofflampen (umgangssprachlich: Leuchtstoffröhren) bestückt. Durch abnehmbare Deckel oder Klappen wird das Aquarium zugänglich zum Füttern oder für Wartungsarbeiten.

Die Leuchtstofflampen sollen so lang wie möglich sein, also über die gesamte Länge des Aquariums reichen, um eine gleichmäßige Ausleuchtung zu erzielen. Wenn sich später herausstellt, dass das Licht zu stark ist, dann entfernt man die hintere Lampe. Das Licht soll möglichst von vorne strahlen; dann leuchten die Farben der Fische am besten, und die Pflanzen wenden sich dem Betrachter zu.

Gute Reflektoren steigern die Nutzung der Leuchtkraft erheblich. Ganz besonders wirksam sind Hochglanzflächen, in denen die Lampen-

TIPP

Die Leuchtstofflampen sollen nicht zu dicht nebeneinander montiert sein, sondern mindestens 2,5 cm Abstand voneinander haben. Sonst beschatten sie sich gegenseitig zu sehr und liefern weit weniger Licht als erwartet.

rückseite als Spiegelbild zu sehen ist. Damit erreicht eine Lampe fast die Leuchtkraft von zwei Lampen. Schlechte Reflektor-Oberflächen kann man durch Aufkleben von glänzender Alufolie (Küchenbedarf) verbessern.

Aus Sicherheitsgründen müssen Abdeckleuchten am Aquarium befestigt sein, damit sie nicht in das Wasser fallen können. Oder sie müssen wasserdicht sein, damit auch ein unvorhergesehenes Tauchbad keine lebensgefährlichen Stromschläge zur Folge haben kann. Die Leuchten sind aber nicht als Unterwasserleuchten zulässig!

Hängeleuchten sind Leuchten für Aquarien, in die man auch von oben hineinschauen möchte. Weil Hängeleuchten meist gebündeltes Licht liefern, können sie im Aquarium reizvolle Licht-Schatten-Spiele hervorrufen. Das Außengehäuse der Hängeleuchten muss so weit nach unten überstehen, dass man beim Betrachten des Aquariums nicht vom grellen Licht der eingebauten Lampe direkt getroffen und geblendet wird.

Auch die Hängeleuchten müssen als **Aquarien**-Leuchten ausgewiesen sein und sollen das VDE- oder GS-Zeichen tragen. Die Verwendung normaler Wohnraumleuchten am Aquarium ist gefährlich und deshalb unzulässig (kein Schutz gegen Feuchtigkeit, der Rolli kann nachgeben und die Leuchte ins Wasser rutschen lassen usw.).

Die verschiedenen Lampen

Fast alle Hängeleuchten sind mit Quecksilberdampf-Hochdrucklampen ausgestattet. Die kastenähnlichen Abdeckleuchten enthalten dagegen meist Leuchtstofflampen. Die verschiedenen Lampen unterscheiden sich technisch grundlegend. Ein Austausch gegeneinander ist nicht möglich.

Zunehmend werden Aquarienleuchten mit **LEDs** (**L**ight **E**mitting **D**iode) ausgerüstet. Etwa 35 Jahre lang waren LEDs nur als kleine Signallämpchen mit verschiedenen Farben bekannt.

GUT ZU WISSEN

Lumen = Maßeinheit für den Lichtstrom. Also die Lichtmenge, die insgesamt nach allen Seiten abgestrahlt wird.

Erst mit der Entwicklung der sogenannten Photonenpumpe entstanden allmählich LEDs mit größerer Leistung.

Auf der Interzoo 2010 wurden erstmals LED-Aquarienleuchten gezeigt, mit denen zunächst kleinere Aquarien sehr gut beleuchtet werden konnten. Der Stromverbrauch dieser Leuchten ist überraschend gering und durch die geschickte Mischung verschiedenfarbiger LEDs lassen sich brauchbare Weiß- und Warmweiß-Lichtfarben erzielen. Die weitere technische Entwicklung ist noch nicht abgeschlossen.

Leuchtstofflampen sind in der Aquaristik am meisten verbreitet. Wegen ihrer schlanken Form werden sie oft einfach „Röhren" genannt.

▼ ***LED-Aquarienleuchten werden*** *mittlerweile oft bei Nano-Aquarien eingesetzt.*

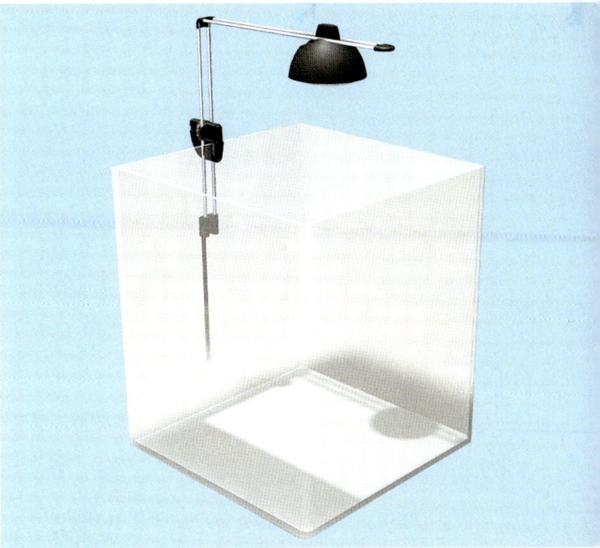

▲ **Neonsalmler im** *„Pflanzen-Urwald". Die Schmalblättrige Rotala leuchtet mit roten Blättern kontrastreich aus dem dichten Grün hervor.*

Sie liefern ein weiches, blendarmes Licht ohne Schattenwurf. Ihr Wirkungsgrad ist sehr hoch (bis zu 95 Lumen pro Watt).

Die Leuchtstofflampen tragen ihren Namen, weil sie zunächst eine kräftige, unsichtbare UV-Strahlung erzeugen, die vor dem Verlassen der Glasröhre durch eine Leuchtstoffschicht in helles, sichtbares Licht umgewandelt wird. Je nach Mischung der Leuchtstoffe entstehen Lampen mit verschiedenen „Lichtfarben" (siehe dort), also z.B. Tageslicht- oder Warmtonlampen.

Nach etwa 10 000–15 000 Stunden Brennzeit ist die Lichtleistung der meisten Leuchtstofflampen auf etwa 80 % abgesunken. Sie sollten dann ausgetauscht werden, bei täglich zwölf Stunden Brennzeit also nach etwa 3½ Jahren. Zweckmäßigerweise notiert man sich das Einsatz-Datum mit wasserfestem Filzschreiber auf der Lampe.

Das Kernstück einer **Quecksilberdampf-Hochdrucklampe** ist ein etwa fingergroßer Quarzglas-Brenner, der Quecksilberdampf mit hohem Druck enthält (Name!). Aus Sicherheitsgründen ist der Brenner in einem größeren Außenkolben eingeschmolzen. Wenn dieser beschädigt ist, darf die Lampe auf keinen Fall mehr betrieben werden!

GUT ZU WISSEN

Leuchtstofflampen erfordern zum Betrieb genau passende Vorschaltgeräte und Starter.

Auch Hochdrucklampen erfordern ein passendes Vorschaltgerät. Einige Lampen haben einen Schraubsockel wie normale Haushalt-Glühlampen. Aber man darf sie auf gar keinen Fall in normale Brennstellen einschrauben, sie werden sofort zerstört! Eine Ausnahme bilden die wenig vorteilhaften und daher kaum verbreiteten Mischlichtlampen.

Hochdrucklampen brennen nicht sofort nach dem Einschalten. Es vergehen etwa drei Minuten, bis sie richtig hell brennen. Nach dem Ausschalten muss die Lampe abkühlen, ehe sie wieder startbereit ist. Wenn also die Lampe nach einem kurzen Stromausfall dunkel bleibt, dann ist sie nicht defekt, sondern fängt nach einigen Minuten wieder von selbst an zu brennen. Es gibt mehrere Ausführungen von Hochdrucklampen, sie haben aquaristisch etwas unterschiedliche Eigenschaften, z. B. HQL und HQI-Lampen.

Welche Lampe ist die beste?

Für kleine und mittlere Aquarien kann man LED-Leuchten benutzen. Für größere kommen nur Quecksilberdampflampen infrage, also Niederdruck- (= Leuchtstofflampen) oder Hochdrucklampen. Die Lampenwahl ist eng mit der Wahl der Aquarienleuchte verknüpft: kastenförmige Abdeckleuchte mit Leuchtstofflampen oder Hängeleuchte mit Hochdrucklampen? Hier eine kurze Zusammenfassung der wichtigsten Eigenschaften:

GUT ZU WISSEN

Leuchtstofflampe (Abdeckleuchte)

- sehr guter Wirkungsgrad
- weiches, blendungsarmes Licht
- gleichmäßige Ausleuchtung
- große Auswahl an Lichtfarben
- Ersatzkosten niedrig

Hochdrucklampe (Hängeleuchte)

- kompakte Bauweise
- oben offene Aquarien möglich
- Licht scheinwerferartig gebündelt, daher hübsche Licht-Schatten-Spiele
- Ersatzkosten hoch bis sehr hoch

Lichtfarben

Weißes Licht ist immer aus mehreren Farben zusammengesetzt. Der Regenbogen zeigt, aus welchen Farben das Sonnenlicht besteht.

Fehlen oder überwiegen einige Farben, so wird das Licht farbig. Farbiges Licht kann, obwohl es dem menschlichen Auge als weiß erscheint, Empfindungen auslösen. Beispiel: Bei den sogenannten Tageslicht-Lampen überwiegt der Blauanteil, trotzdem sehen wir weiß, empfinden das Licht aber meist als kalt. Anders bei den Warmton-Lampen, zu denen auch die früher benutzten Haushalt-Glühlampen gehören. Hier überwiegt der Rotanteil, trotzdem sehen wir weiß, empfinden aber warm.

TIPP

Lampen mit der Lichtfarbe „Warmton de Luxe" sind eine gute Wahl für das Aquarium, denn sie geben die Farben besonders gut wieder und sind pflanzenfreundlich.

Die Fische stellen keine Ansprüche an die Lichtfarbe. Aber damit ihre schönen Farben gut zur Geltung kommen, bevorzuge man Lampen mit Zusatzbezeichnungen wie etwa „de Luxe". Solche Lampen haben wenig Lücken im Spektrum und deshalb eine besonders gute Farbwiedergabe.

Pflanzen nutzen vorwiegend die roten und blauen Anteile im Licht. Grüne Anteile wer-

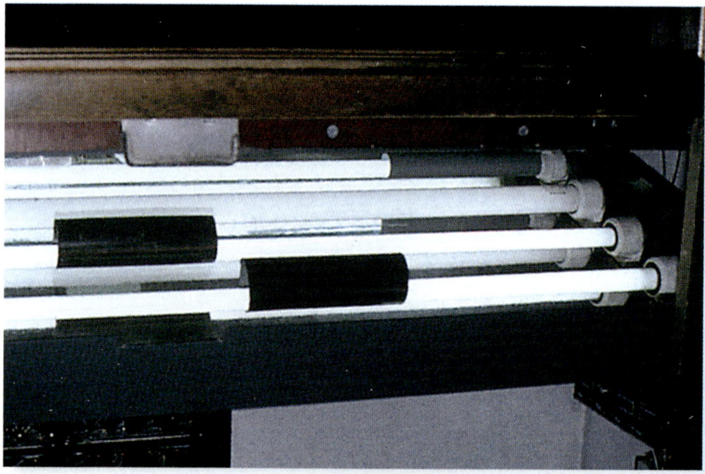

GUT ZU WISSEN

Die Beleuchtungseinrichtung muss spritzwasserdicht sein (beachten Sie die Dichtringe an den Enden der Röhren).

den kaum aufgenommen, sondern reflektiert. Deshalb sehen wir die Pflanzen grün. Besonders dankbar reagieren Pflanzen auf Licht mit erhöhtem Rotanteil, also auf Warmtonlampen.

Wer sich eingehender für die Lichtfarben von Hochdruck- und Leuchtstofflampen interessiert, findet ausführliche Übersichten und Angaben zur aquaristischen Eignung in meinem „Handbuch Aquarientechnik".

Beleuchtungsdauer

Die Dauer der täglichen Beleuchtung ist für die Fische weniger von Bedeutung, um so mehr aber für die Aquarienpflanzen. Die meisten Pflanzen stammen aus den Tropen und sind deshalb an einen Zwölf-Stunden-Tag angepasst. Pflanzen aus den Subtropen kennen wechselnde Tageslängen. Das muss man aber nur dann berücksichtigen, wenn man auch solche Pflanzen zum Blühen bringen möchte, die dies nur unter Kurz- bzw. Langtagbedingungen tun. In der Aquarienpraxis ist eine Beleuchtungsdauer von 10 bis 14 Stunden täglich üblich.

Brennt das Licht hin und wieder nur kürzere Zeit, dann löst das keine Katastrophe aus. Im Gegenteil: Nicht wenige Pflanzenfreunde berichten, dass danach die Pflanzen sichtbar besser „stehen". Auch in den Tropen scheint die Sonne nicht täglich, denn nicht selten verdunkeln schwere Regenwolken den Himmel.

GUT ZU WISSEN

Die Subtropen werden fälschlich oft als „Supertropen" interpretiert. Das Gegenteil stimmt! Subtropen sind kühler, denn sie sind der Übergangsbereich zwischen Tropen und gemäßigter Klimazone.

Der Filter

Fischkot und Futterreste lösen sich allmählich auf und verschmutzen das Aquarienwasser. Diese Verunreinigungen sind fast durchweg sogenannte organische Verbindungen, also chemische Verbindungen mit oft kompliziertem Aufbau, von denen man lange Zeit annahm, dass sie nur von lebenden Organismen produziert werden können (z. B. Eiweiße, Fette und Zucker).

Das Aquarienwasser würde sehr bald biologisch untauglich werden und die Fische würden darin sterben, wenn es nicht nützliche Bakterien

GUT ZU WISSEN

organische Verunreinigungen → Verarbeitung durch Bakterien (vor allem im Filter) ← Sauerstoff

Verarbeitung durch Bakterien (vor allem im Filter) → Wasser, Kohlendioxid, Phosphat, Sulfat, Nitrat

gäbe, die – ähnlich wie die Regenwürmer in einem Komposthaufen – sich über die organischen Verbindungen hermachen würden, um sie als Nahrung zu nutzen.

Zunächst nimmt eine spezielle Gruppe von Bakterien die großmolekularen Stoffe als Nahrung auf, verwertet sie so weit wie möglich und gibt sie dann, zerlegt in kleinere Moleküle, wieder ab. Anschließend werden die Verwertung und Zerlegung von anderen Bakteriengruppen weiter fortgeführt, bis schließlich keine weitere Verwertung, also kein Gewinn von Energie mehr möglich ist.

Unter Aufnahme von Sauerstoff entstehen als Endprodukte vor allem Wasser und Kohlendioxid, aber auch Phosphat, Sulfat und Nitrat. Einiges davon kann zwar von den Aquarienpflanzen weiter verwertet werden, aber oft fällt mehr an, als die Pflanzen aufnehmen können. Deshalb häuft sich in vielen Aquarien Nitrat an.

Die Arbeit der Bakterien ist äußerst wichtig. Sie findet in jedem eingefahrenen und biologisch intakten Aquarium statt und kommt einer Entgiftung des Wassers gleich.

Die Bakterien besiedeln das gesamte Aquarium, also z. B. auch die Glasscheiben, die Dekoration, die Pflanzen und – sofern vorhanden – besonders den Filter.

Wann filtern?

Ein Aquarium, das reichlich Pflanzen und nur wenige Fische enthält, braucht überhaupt keinen Filter. Die im Aquarium überall angesiedelten Bakterienkolonien reichen völlig aus, um das Wasser biologisch einwandfrei zu halten.

Aber in den meisten Aquarien werden viel mehr Fische gepflegt als eigentlich biologisch vertretbar ist, und es fallen weitaus mehr Verschmutzungen an als die Selbstreinigung des Aquariums verkraften kann. Um das Wasser dennoch in biologisch einwandfreiem Zustand zu halten, müssen besonders leistungsfähige Bakterienkolonien kultiviert werden. Das gelingt in einem Aquarienfilter.

Das durch den Filter strömende Wasser transportiert reichlich organische Verbindungen und Sauerstoff heran. Folglich werden die Bakterien weitaus besser mit Nährstoffen versorgt, sie können sich stärker vermehren und intensiver arbeiten.

Ein nagelneuer Filter, oder genauer: nagelneues Filtermaterial, ist steril, enthält also noch keine Bakterien. Bevor ein Filter wirklich arbeiten kann, muss er zunächst eingefahren werden. Wie man ein Aquarium oder einen Filter einfährt, ist im Kapitel „Richtiges Einfahren" (S. 17) genau beschrieben.

Filterbauarten

Geradezu unübersehbar ist das Angebot an Aquarienfiltern, und jedes Jahr kommen neue hinzu. Einzelne Modelle können und sollen daher hier nicht besprochen werden, sondern das Grundprinzip. Oftmals wird in der Werbung das Wort „Bio" oder „biologisch" betont. Das sollte nicht sonderlich beeindrucken, denn alle üblichen Aquarienfilter funktionieren nur mit Hilfe der bekannten Filterbakterien, also biologisch (nach dem Einfahren versteht sich).

Je nach Bauweise ist eine grobe Unterscheidung zwischen Innen- und Außenfilter möglich. **Innenfilter** werden direkt im Aquarium untergebracht und benötigen deshalb keine Zu- und

Die biologische Leistung eines Filters hängt auch vom Wasserdurchsatz ab. Arbeitet der Filter zu kräftig, kann man den Durchlauf drosseln.

Filtermaterial

Das Filtermaterial ist die Siedlungsstätte für die Bakterien und nimmt grundsätzlich nicht am biologischen Filterprozess teil. Zur Unterstützung der Bakterientätigkeit muss es zwei ganz wichtige Eigenschaften besitzen: chemische Neutralität und eine möglichst große Besiedlungsfläche. Hierin liegt der Grund, weshalb Substrate mit relativ kleiner Oberfläche, wie z. B. glatte Keramik-Röhrchen oder Kiesel, sich als weniger geeignet erwiesen haben.

Bewährt sind seit Jahrzehnten zum Beispiel Schaumstoff, Lavabruch, Sinterglas und mit Einschränkungen auch Perlonwatte. Für besondere Aufgaben ist Aktivkohle nützlich.

Wird neues, also steriles Filtermaterial benutzt, sollte man etwas gebrauchtes Material aus einem anderen, eingefahrenen Filter in den Bereich des Einlaufs legen. Dadurch impft man das neue Material mit Filterbakterien, und die Einfahrzeit kann sich erheblich verkürzen.

Schaumstoff ist als Filtermaterial besonders beliebt und weit verbreitet. Er lässt sich leicht waschen und sehr oft wiederverwenden. Der Schaumstoff soll den Filterraum gut passend ausfüllen, damit möglichst wenig Wasser ungefiltert vorbeiläuft. Nicht jeder Schaumstoff eignet sich zum Filtern, denn beim Standard-Herstellungsprozess bleiben dessen Poren geschlossen. Damit Wasser hindurchfließen kann, müssen die Poren offen sein. Zur Prüfung hält man den Schaumstoff vor den Mund und versucht hindurchzublasen.

Gebrochenes **Lavagestein** hat eine sehr rauhe Oberfläche und wird deshalb leicht von Filterbakterien besiedelt. Das Material ist billig, doch leider ist das Auswaschen etwas schwierig.

Sinterglas ist recht teuer, hat aber wegen seiner sehr großen inneren Oberfläche eine ausgezeichnete Filterwirkung. Weil es auch viele Feinstporen enthält, können neben den üblichen oxidativen Filterprozessen (Nitrifikation) auch sehr nützliche reduktive Prozesse (Denitrifikation) ablaufen.

◂ **Querschnitt durch** *einen Kreiselpumpen-Außenfilter mit integrierter Heizung. Die Filtermaterialien liegen in Schichten übereinander.*

Perlonwatte sollte – wie eigentlich alle Filtersubstrate – vor Gebrauch gewässert werden. Sie könnte unter Umständen anfangs noch giftige Rückstände von der Herstellung abgeben, z. B. Phenole.

Perlonwatte kann vorteilhaft als erste Filterschicht dienen, um groben Schmutz abzufangen. Sie erfüllt aber ihren Zweck nur dann, wenn sie genügend bauschfähig ist. Sie muss also nach dem Zusammendrücken wieder aufspringen. Jede Perlonwatte verliert diese Eigenschaft sofort, wenn sie zu heiß gewaschen wird. Dann fällt sie zusammen und klumpt.

Wegen der relativ glatten Oberfläche ist die bakterielle Besiedlungsfähigkeit der Perlonwatte gering.

▲ **Filtersubstrate mit** *einer großen Oberfläche, hier beispielsweise Sinterglas, bieten den Bakterien im Filter eine große Siedlungsfläche und unterstützen so den Schadstoffabbau.*

Perlonfusseln dürfen niemals in das Aquarium gelangen. Manche Fische fressen die feinen Perlonfäden und sterben dann an Darmverschluss. Ein mit Perlonwatte gefüllter Filter muss daher als letzte Filterschicht z. B. Schaumstoff haben, damit eventuell losgeschwemmte Perlonfusseln abgefangen werden.

Aktivkohle hat eine außerordentlich große innere Oberfläche und kann deshalb viele Stoffe allein durch ihre Oberflächenkräfte an sich binden (adsorbieren). Aktivkohle wird bevorzugt verwendet, um störende Substanzen aus dem Wasser zu holen, wie etwa Farbstoffe, Pflanzenschutzmittel, Huminstoffe oder nach einer Krankheitsbehandlung überschüssige Medikamente. Durch Adsorption erschöpfte Aktivkohle lässt sich nicht durch Auswaschen regenerieren, sondern muss ausgetauscht werden.

Grundsätzlich können sich auch auf Aktivkohle Filterbakterien ansiedeln. Und weil die innere Oberfläche außerordentlich groß ist, können sich sogar sehr leistungsfähige Kolonien entwickeln. Aber normalerweise nutzt man nur die adsorptiven Eigenschaften der Aktivkohle und belässt sie nicht so lange im Filter, bis sich Bakterien angesiedelt haben.

Filterreinigung

Das Filtermaterial darf nur in klarem und höchstens handwarmem Wasser vorsichtig ausgedrückt werden. Es schadet nichts, wenn noch Rückstände darin verbleiben und sich z. B. der Schaumstoff noch etwas klebrig anfühlt. Im Gegenteil! Ein völlig sauberes Filtermaterial ist praktisch steril, und der Aquarienfilter benötigt dann erneut eine längere Einfahrzeit, ehe er wieder richtig arbeitet.

Teilwasserwechsel

Auch der beste Filter macht den regelmäßigen Teilwasserwechsel nicht überflüssig! Denn wegen der intensiven Arbeit der Filterbakterien fallen meist viel mehr Mineralstoffe an, als die Wasserpflanzen verwerten können (z. B. Nitrat). Außerdem gibt es einige Schadstoffe im Aquarienwasser, die auch ein guter Filter nur sehr schwer abbauen kann. Das Wasser würde sich also mit solchen Stoffen anreichern. Deshalb ist – auch bei einem wirklich guten Filter – ein regelmäßiger Teilwasserwechsel von etwa 20 % des Gesamtvolumens pro Woche sehr zu empfehlen.

Entsprechend der Menge an Neuwasser kann ein „Frischwasser-Zusatzmittel" beigefügt werden.

Es darf wirklich nur ein **Teil** gewechselt werden! Wer den Wasserwechsel monatelang hinauszögert und dann auf einmal weit mehr als die Hälfte auswechselt, schadet seinen Pfleglingen. Der Milieuwechsel ist zu schroff!

GUT ZU WISSEN

- Beim Filterprozess wird Sauerstoff (O_2) verbraucht. Es entstehen u. a. Wasser und Kohlendioxid sowie Nitrat, Phosphat und Sulfat.
- Ein Filter mit neuem Filtermaterial benötigt einige Wochen Einfahrzeit, ehe er richtig arbeitet. Vorsicht: Dabei ist besonders auf den Nitritgehalt zu achten (siehe Kapitel „Richtiges Einfahren").
- Das Filtersubstrat darf nur sehr schonend gereinigt werden, sonst verlangt der Filter wieder eine erneute Einfahrzeit, bevor er effektiv arbeitet.
- Die richtige Größe eines Filters hängt nicht ab von der Größe des Aquariums, sondern von der eingebrachten Futtermenge – also vom Fischbesatz.
- Ein Filter macht den Wasserwechsel nicht überflüssig. Jede Woche etwa 20 % des Gesamtvolumens wechseln.

Die Heizung

Die meisten Aquarienfische und -pflanzen stammen aus den Subtropen oder den noch wärmeren Tropen. Das Wasser muss also entsprechend aufgeheizt werden. Für die meisten Fische genügen Temperaturen zwischen 22 und 28 °C. Aquarienpflanzen brauchen mit steigender Temperatur mehr Licht und Nährstoffe. Mehr als 28 °C vertragen sie auf die Dauer selten.

Wasser ist ein hervorragender Wärmespeicher. In der Natur heizt die Sonne das Wasser tagsüber nur sehr langsam auf, und in der kühleren Nacht wird die empfangene Wärme nur ganz allmählich abgegeben. Folglich schwankt die Wassertemperatur kaum. In stehenden Gewässern sind in 30 cm Wassertiefe keine Tagesschwankungen mehr messbar. Nur wenn wetterbedingt z. B. eine Reihe von kühlen Tagen folgt, sinkt zögernd auch die Wassertemperatur.

Es ist also nicht erforderlich, nachts die Temperatur im Aquarium abzusenken. Weder Fische noch Wasserpflanzen sind daran gewöhnt. Dagegen kann eine jahreszeitliche Temperatursteuerung durchaus sinnvoll sein und unter Umständen sogar die Laichbereitschaft mancher Fische erhöhen.

Heizer

Zwei Bauformen haben sich durchgesetzt: Stabheizer zum Eintauchen ins Wasser und Heizkabel für den Bodengrund.

Stabheizer lassen sich leicht installieren, beispielsweise mit Plastiksaugern an der Seitenscheibe. Sie sollten möglichst tief und nach Möglichkeit waagerecht im Wasser montiert werden. Das fördert die Wärmeverteilung im Aquarium. Stabheizer müssen stets von allen Seiten vom Wasser umspült werden. Sie dürfen nicht in den Bodengrund eingegraben werden, weil sie sich sonst überhitzen.

Obwohl die meisten Stabheizer eine Glashülle haben, sind moderne Markenfabrikate keines-

TIPP

Die optimale Wassertemperatur für die meisten Wasserpflanzen liegt etwa bei 25 °C. Mehr als 28 °C vertragen sie auf die Dauer nicht. Hier bilden der kleine Stern in der Mitte zusammen mit dem Perlkraut im Vordergrund einen dichten Teppich.

wegs zerbrechlich, sondern überaus robust und betriebssicher. Gute Fabrikate überstehen sogar Trockenlauf und anschließendes Abschrecken in kaltem Wasser! Das kann unbeabsichtigt beim Wasserwechsel passieren, wenn man vergisst, vorher den Heizer abzuschalten.

Stabheizer sind abgestuft in Leistungen von etwa 10 bis 500 Watt erhältlich. Zur richtigen Auswahl siehe unter „Heizerleistung".

Heizkabel werden beim Einrichten des Aquariums auf dem Boden in Windungen ausgelegt und nötigenfalls mit Plastiksaugern fixiert (siehe Abbildung auf S. 9). Erst dann wird der Bodengrund aufgeschichtet und das Aquarium eingerichtet. Zur Wattstärke des Heizkabels siehe weiter hinten im Kapitel „Heizung für das Pflanzenaquarium".

Heizkabel sind leichter verletzbar als die Glashülle eines Stabheizers. Deshalb muss aus Sicherheitsgründen unbedingt ein Kleinspannungs-Heizkabel mit Sicherheitstransformator benutzt werden! Das kostet zwar erheblich mehr, aber Wasser und elektrischer Strom sind eine besonders gefährliche Mischung.

Heizerleistung

Es sei davor gewarnt, die Heizerleistung größer zu wählen als unbedingt erforderlich. Falls die Thermostat-Steuerung versagt, wird der Heizer nicht mehr abgeschaltet und das Aquarium unversehens zum Kochtopf. Das kann sogar passieren, wenn der Thermostat selbst völlig in Ordnung ist. Es genügt z. B., wenn das Kabel mit dem Fühler aus dem Aquarium herausrutscht. Dann werden die kühlere Raumtemperatur gemessen und der Heizer auf Dauerlauf geschaltet. Die Heizerleistung darf deshalb nur so stark bemessen sein, dass auch bei Dauerbetrieb die Temperatur im Aquarium nicht wesentlich über 30 °C ansteigen kann.

Die effektive Heizwirkung kann nicht mit einfachen Formeln errechnet werden, wie z. B.

Aufheizung des Aquarienwassers

bei 22 °C Raumtemperatur (nach Krause)

Aquarien-größe (Liter)	Heizerleistung (Watt)								
	10	20	30	40	50	75	100	125	150
10	30	37	45	50	–	–	–	–	–
20	27	32	36	41	46	–	–	–	–
30	26	29	33	37	40	49	–	–	–
40	25	28	31	34	37	44	52	–	–
60	24	27	29	31	33	39	45	51	–
80	24	26	28	30	31	36	41	46	50
100	24	25	27	29	30	34	38	42	46
120	23	25	26	28	29	33	36	40	44
150	23	24	26	27	28	31	34	38	41
180	23	24	25	26	28	30	33	36	39
200	23	24	25	26	27	30	32	35	37
250	23	24	25	26	26	29	31	33	35
300	23	24	24	25	26	28	30	32	34

Beispiel: Aquariengröße 80 Liter, Heizer 50 Watt, folglich Aufheizung bis auf 31 °C. Ein 100-Watt-Heizer wäre riskant, er könnte das Wasser auf 41 °C aufheizen. Für andere Raumtemperaturen als 22 °C müssen die Tabellenwerte um die Grad-Differenz korrigiert werden. Also z. B. bei 25 °C um +3 und bei 20 °C um –2.

$^1/_3$ Watt pro Beckenliter. Solche Formeln berücksichtigen nicht, dass ein doppelt so großes Aquarium nicht etwa die doppelte Heizleistung verlangt, sondern nur rund 60 % mehr! Denn der Wärmebedarf hängt nicht ab vom Volumen, sondern von der wärmeabgebenden Außenfläche. Und diese wächst keineswegs linear mit dem Volumen.

Die Tabelle (oben) entstand durch Messungen. Sie zeigt, auf welche Temperatur das Aquarienwasser ansteigt, wenn der Heizer ständig eingeschaltet ist.

Die Tabellenwerte sind nicht verbindlich. Ich habe sie für zugluftfrei aufgestellte Aquarien mit Abdeckung erstellt (offene Aquarien brauchen etwa die doppelte Heizleistung). Die Werte können in der Praxis abweichen, insbesondere weil die Streuung in der Fertigung der Heizer und die Heizwirkung der Beleuchtung nicht berücksichtigt werden konnten.

Thermostat

Ein Thermostat prüft die Wassertemperatur und schaltet den Heizer nur bedarfsweise ein, um die Temperatur konstant zu halten bzw. auf den voreingestellten Wert zu begrenzen. Zu empfehlen sind Reglerheizer, also Stabheizer mit eingebautem Thermostaten. Dann entfällt der Kauf eines separaten Thermostaten.

Die preiswerten Bimetall-Thermostate, die sich seit vielen Jahrzehnten in der Aquaristik bewährt haben, werden zunehmend von den elektronischen Thermostaten verdrängt, die sich leichter einstellen lassen und genauer schalten.

Der Temperaturfühler muss absolut sicher im Aquarium befestigt werden, z. B. mit einem Nylonfaden an einem Stein. Sauger sind riskant, sie können sich lösen und den Fühler durch das Kabelgewicht aus dem Wasser herausrutschen lassen. Die Folge: Der Fühler misst nicht mehr die Temperatur im Aquarium, sondern die kältere Raumluft, also schaltet er auf Dauerheizen. Dann kann die Temperatur im Aquarium gefährlich hoch ansteigen (siehe unter „Heizerleistung“)! Weitergehende technische Informationen, wie z. B. über Schaltgenauigkeit und Hysteresis, gibt das „Handbuch Aquarientechnik“.

Thermometer

Die Einstellskalen an den Thermostaten sind oft ungenau, deshalb gehört zu jeder Aquarienheizung unbedingt ein gutes Thermometer! Die altbekannten Glasthermometer mit Flüssigkeitssäule sind immer noch die verlässlichsten. Gelegentlich weicht mal eins um 1 oder 2 °C ab. Deshalb sucht man sich beim Kauf eins heraus, dessen Anzeige mit den meisten übrigen übereinstimmt.

Heizung für das Pflanzenaquarium

Pflanzenfreunde unter den Aquarianern wissen, dass ein warmer Bodengrund den Pflanzenwuchs anregen kann. Die Ursache liegt nicht in der Wärme an sich, sondern in der erzeugten Wasserbewegung. Allerdings darf der Wasseraustausch nur schwach sein, weil sonst zu viel Sauerstoff in den Boden gelangt. Das würde den Pflanzenwuchs behindern, denn Pflanzen verlangen ein relativ sauerstoffarmes Bodenmilieu.

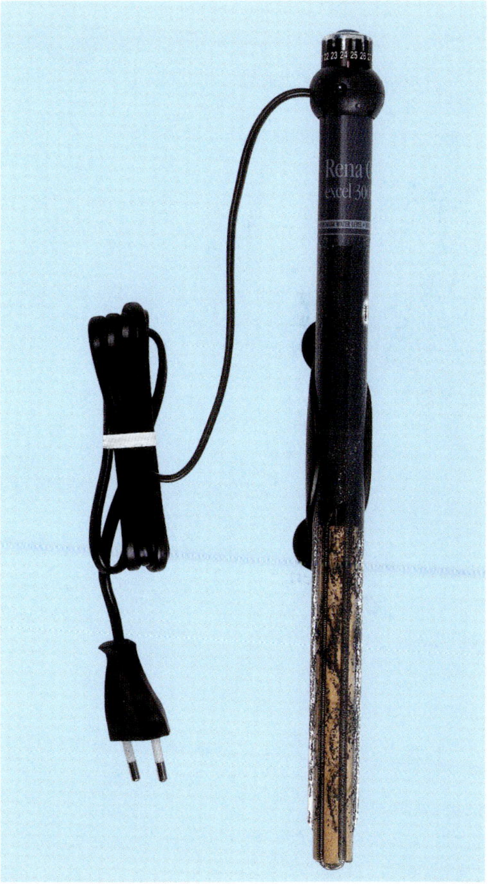

▸ ***Regelheizer mit** Überhitzungsschutz bei Trockenlauf und vorbildlich langem Kabel sind gut für das Aquarium geeignet.*

Die Heizleistung im Boden darf also nur schwach sein. Sie sollte z. B. bei einem 100-l-Aquarium etwa 6 W nicht übersteigen. Jedes Mehr kann eher schaden als nützen. Höhere Leistungen wären vertretbar, wenn das Heizkabel nur zeitweise eingeschaltet wird, zum Beispiel gekoppelt mit der Schaltuhr für die Beleuchtung. Als Hauptheizung für das Aquarium kann man zusätzlich einen Stabheizer im freien Wasserraum installieren.

Speziell für Pflanzenaquarien, die natürlich zugleich Fischparadiese sind, ist ein sehr komfortabler Thermostat „Duomat“ erhältlich. Er hat getrennte Schaltkreise für die Bodenheizung (die stets Vorrang hat) und für die Wasserheizung.

GUT ZU WISSEN

- Stabheizer niemals in den Bodengrund eingraben.
- Heizer auch bei Thermostatregelung nur so stark wählen, dass 30 °C nicht wesentlich überschritten werden können.
- Temperaturfühler im Aquarium absolut sicher befestigen, so dass er nicht herausrutschen kann.
- Die Skalen an Thermostaten sind oft ungenau, deshalb die Wassertemperatur stets mit einem Thermometer kontrollieren.
- Für Pflanzenaquarien sind schwache Bodenheizer nützlich, bei Bedarf zusätzlichen Heizer im Wasser verwenden.

Düngen mit Kohlendioxid

Alle grünen Pflanzen verdanken ihr Leben einem grundlegenden Prozess: der Fotosynthese. Aus Nährstoffen synthetisieren die Pflanzen mithilfe des Lichts als Energiequelle Kohlenhydrate, und zwar vor allem Zucker (Glucose). Glucose ist ein biochemisch sehr energiereicher Baustein. Die Pflanze verwendet ihn z. B. beim Aufbau von Blättern, Wurzeln und Früchten.

Bei der Fotosynthese wird außerdem Sauerstoff freigesetzt. Etwa 30–70 % davon verbraucht die Pflanze selbst, den Rest gibt sie wieder an ihre Umgebung ab.

FOTOSYNTHESE

$6\,CO_2$	+	$6\,H_2O$	+	Energie	–>	$C_6H_{12}O_6$	+	$6\,O_2$
Kohlendioxid		Wasser		Licht		Glucose		Sauerstoff

Der von den Pflanzen am meisten benötigte Nährstoff ist der Kohlenstoff (C). Auch die Analyse getrockneter Pflanzen zeigt, dass sie größtenteils aus Kohlenstoff bestehen.

Fast alle Pflanzen nehmen den Kohlenstoff (C) am liebsten auf in Form von Kohlendioxid (CO_2). Landpflanzen können es unbegrenzt aus der Luft aufnehmen. Dagegen sind unter Wasser lebende Pflanzen allein auf das im Wasser gelöste Kohlendioxid (CO_2) angewiesen.

Im Aquarium stockt häufig der Pflanzenwuchs, weil es an Kohlendioxid mangelt. Zwar atmen die Fische Kohlendioxid aus, und auch im Filter entsteht etwas CO_2, aber diese Mengen reichen fast nie für die Pflanzen aus. Mit einem CO_2-Düngegerät lassen sich die Pflanzen mit dem wichtigsten aller Nährstoffe, dem CO_2, versorgen.

CO_2-Düngegeräte

In der Aquarienliteratur werden seit 1970 immer wieder einfache Geräte beschrieben, bei denen das Kohlendioxid durch Gärung gewonnen wird (Sicherheitshinweise hierzu in meinem Handbuch Aquarientechnik). Weil aber die CO_2-Produktion in den ersten acht Tagen sehr stürmisch verläuft, dann rasch abfällt und schon nach zwei bis drei Wochen unzureichend gering ist, kann das einfache Gärungsverfahren

SCHEMA EINER CO_2-DÜNGEANLAGE

CO_2-Flasche
CO_2-Vorrat, Druck etwa 60 bar
↓
Druckminderer
setzt Druck herab auf etwa 0,5 bar
↓
Diffusionsgerät
verteilt das CO_2 im Wasser

▸ ***Ein Diffusionsgerät*** *für Kohlendioxid, bei dem die Blasen im Zickzack durch das Wasser im transparenten Gehäuse geleitet werden und sich dabei auflösen.*

nicht recht befriedigen. Erheblich verbessert läuft die Gärung in den sogenannten „CO-30-BIO-Kohlensäureflaschen“ (Zoofachhandel). Durch meine Erfindung aus dem Jahr 1985 ließ sich der stürmische Beginn bremsen und der spätere Verlauf intensivieren. So kann ein 100-l-Aquarium wesentlich gleichmäßiger bis zu vier Wochen lang mit Kohlendioxid gedüngt werden.

Wer sein Aquarium wirklich bequem und über Monate hinweg wartungsfrei mit CO_2 versorgen will, muss tiefer in die Tasche greifen und eine CO_2-Düngeanlage kaufen. Die Mindestausstattung besteht aus: CO_2-Druckgasflasche, Druckminderventil und Diffusionsgerät. Nützlich, aber nicht unbedingt erforderlich und deshalb hier nicht näher beschrieben, sind: Rückschlagventil, Blasenzähler und Nadelventil.

CO_2-Flasche

Sie heißt eigentlich CO_2-Druckgasflasche. Sie ist der Vorratsbehälter für das Kohlendioxid, das darin unter sehr hohem Druck von etwa 60 bar gespeichert ist. Der Druck ist rund 30-mal höher als in einem Autoreifen! Grund genug, dass der TÜV sein wachsames Auge darauf hält und die Flaschen alle zehn Jahre auf ihre Druckfestigkeit prüft. Das macht nicht der bekannte Auto-TÜV, sondern eine andere Prüfstelle. Beim Flaschenkauf ist auf den eingeschlagenen Prüfstempel mit Verfalldatum zu achten.

CO_2-Flaschen sind in Größen von 300 g bis 10 kg Inhalt erhältlich. Je größer die Flasche, desto billiger ist das CO_2, doch sind große CO_2-Flaschen recht schwer und unhandlich. Eine gefüllte 1-kg-Flasche wiegt etwa 5 kg!

GUT ZU WISSEN

Als Faustregel gilt: Ein durchschnittlich bepflanztes 100-l-Aquarium benötigt täglich ungefähr 1 g CO_2. Die Tabelle auf S. 39 zeigt die möglichen Betriebszeiten je nach Flaschengröße.

▲ **Links:** *Beispiel für ein CO_2-Diffusionsgerät. Die unten austretenden CO_2-Blasen laufen spiralig aufwärts und haben lange Kontakt mit dem Wasser.*
Rechts: *Dauer-pH-Meter enthält einen Indikator und dient der Überwachung des Kohlendioxid-Gehalts.*

▼ **Das Kohlendioxid** *(CO_2) ist der wichtigste Pflanzennährstoff. Denn die pflanzliche Trockensubstanz besteht zu rund 47 % aus Kohlenstoff (C).*

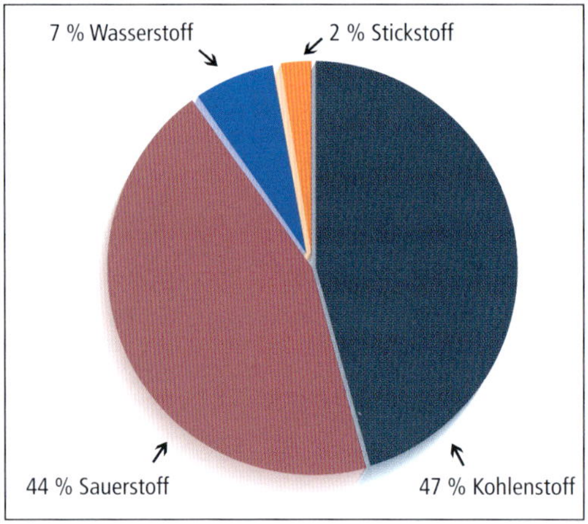

Ist die CO_2-Flasche eines Tages fast leer, muss sie umgehend geschlossen und einschließlich Druckminderer vom Aquarium getrennt werden. Wartet man, bis sie die Flasche ganz leer ist, dann saugt das Wasser alle Kohlendioxid-Reste derart gierig auf, dass es zurück in den Druckminderer (er nimmt es übel) und in die Flasche hineinfließt! Man verlasse sich nicht auf ein Rückschlagventil, denn nicht alle arbeiten wirklich zuverlässig.

Leere Flaschen gibt man über den Händler zu einer Füllstation. Autorisierte Zoofachhändler können, sofern der TÜV-Stempel noch gültig ist, kleine Flaschen auch selbst füllen.

Vorsicht: CO_2-Flaschen dürfen niemals an einer Heizung oder in der Sonne stehen. Sobald die Temperatur 30 °C übersteigt, wächst der Druck in der Flasche rasch und extrem. Er kann

BETRIEBSZEITEN IN MONATEN

(täglich 1 g Kohlendioxid je 100 l Wasser)

Größe der CO_2-Flasche	Aquariengröße in Liter				
	80	100	150	200	500
300 g	13	10	7	5	2
500 g	21	17	11	8	3
1000 g	42	33	22	15	6
1500 g	63	50	33	25	10

Beispiel:
Eine 1000 g CO_2-Flasche würde bei einem 100-l-Aquarium etwa 33 Monate, also 2 ¾ Jahre halten, wenn täglich 1 g Kohlendioxid verbraucht wird.

▲ ***Schöne, aber** vor allem auch anspruchsvolle Wasserpflanzen wie diese thailändische Hakenlilie, Crinum thaianum, gedeihen dank einer guten Kohlendioxid-Versorgung im Aquarium prächtig.*

leicht auf das Drei- und Vierfache ansteigen, so dass die Berstsicherung anspricht und die Flasche sich unter lautem Zischen vollständig entleert.

Wenn im Raum die Belüftung ausreicht und der CO_2-Gehalt nicht zu hoch ansteigt, ist das nicht weiter gefährlich. Aber die Flasche muss erst in eine Fachwerkstatt zur Reparatur, bevor sie wieder gefüllt werden kann.

Druckminderer

Der hohe Druck in der Flasche (60 bar) muss auf handliche Werte herabgesetzt werden (etwa 0,5 bar), um das CO_2 wohldosiert entnehmen zu können.

Gute Druckminderer sind nicht billig und besitzen zwei Druckmesser (Manometer). Angezeigt werden der Druck in der Flasche und der Druck am Ausgang.

Es liegt kein Defekt vor, wenn als Flaschendruck unentwegt 60 bar angezeigt werden, auch wenn die Flasche schon halb leer ist. Das ist normal, denn in der vollen Flasche ist das CO_2 flüssig und verdampft allmählich je nach Entnahme. Erst wenn die Füllung auf etwa 20 % gesunken ist, ist der flüssige Anteil verschwun-

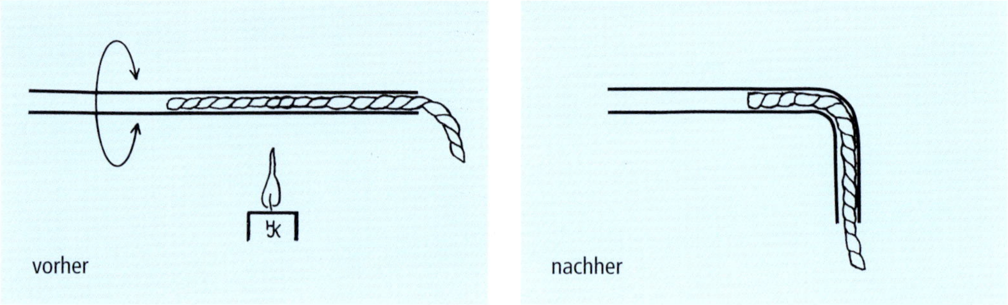

▲ ***In PVC-Rohren*** *treten keine nennenswerten Kohlendioxid-Verluste auf. Um sie zu biegen, wird in das PVC-Rohr wird eine dicke Schnur hineingeschoben. Das Rohr wird nun in etwa 10 cm Abstand über der Kerzenflamme unter ständigem Drehen rundum erwärmt. Nach genügender Erweichung wird es gebogen und sofort von der Flamme entfernt. Die Schnur verhindert, dass das Rohr an der Biegestelle knickt.*

den, und der Druck beginnt langsam zu sinken. Das ist wie beim Gasfeuerzeug.

Für Nichthandwerker ist der Drehsinn am Stellknopf höchst ungewohnt: Rechtsherum erhöht den Druck und damit den CO_2-Durchfluss; linksherum senkt den Druck. Also umgekehrt wie beim Wasserhahn!

Diffusionsgerät

Diffusionsgeräte verlängern die Kontaktzeit zwischen CO_2-Blase und Wasser. So hat das CO_2 länger Gelegenheit, vom Wasser aufgenommen zu werden.

Man lasse sich nicht täuschen: Bei vielen Geräten sieht man die zugeführten Bläschen ziemlich lange, aber sie enthalten dann kaum noch CO_2. Denn genau so, wie das CO_2 aus den Bläschen heraus in das Wasser diffundiert, so diffundieren umgekehrt Gase aus dem Wasser in das Bläschen hinein, z. B. Stickstoff und Sauerstoff. Ein älteres Bläschen enthält also fast kein CO_2 mehr, sondern größtenteils Fremdgase.

In schlecht konstruierten Diffusionsgeräten sammeln sich diese Fremdgase an und bringen die CO_2-Diffusion zum Erliegen. Dann muss man sie entlüften. Diffusionsglocken neigen besonders dazu. In guten Diffusionsgeräten sammeln sich keine Fremdgase an, sie sind wartungsfrei.

CO_2-Verluste

Der Filterauslauf sollte einige Zentimeter unter dem Wasserspiegel enden, damit die Oberfläche nur wenig bewegt wird, sonst entweicht zu viel CO_2 aus dem Wasser. Ein Luftausströmer führt zu sehr großen CO_2-Verlusten und ist deshalb bei einer CO_2-Düngung völlig fehl am Platze.

Wird trotzdem die CO_2-Flasche wesentlich rascher leer als erwartet, dürfte ein Leck die Ursache sein. Zur Suche zieht man vom Diffusionsgerät im Aquarium den Schlauch ab und verschließt ihn mit einem Stopfen. Dann wird das große Schraubventil an der CO_2-Flasche geschlossen. Die Anzeige insbesondere des Hochdruck-Manometers muss nun einige Stunden, am besten über Nacht, stehenbleiben.

Falls der Druck nachlässt, kann man zunächst die Verschraubung zwischen Druckminderer und Flasche noch einmal nachziehen und die Prüfung wiederholen. Bleibt der Druck noch immer nicht konstant, trägt man ein Geschirrspülmittel auf verdächtige Stellen auf und sucht nach Schaumblasen. Nicht selten sind die Schläuche oder ihre Verbindungen die Übeltäter. Silikonschlauch darf auf keinen Fall benutzt werden! Er lässt das CO_2 spielend leicht durch die Wandung ins Freie diffundieren. Geeignet ist PVC-Schlauch, er hat nur geringe CO_2-Verluste. Keine messbaren Verluste haben PVC-Rohr sowie der etwas störrisch harte CO-PROOF-Schlauch.

PVC-Rohr kann man nach Erwärmen leicht biegen, z. B. über einer Kerzenflamme. Vorher steckt man eine möglichst dicke Schnur hinein, damit das Rohr beim Biegen nicht zusammenknickt. Wer diese Arbeit scheut, kann beim Verlegen der CO_2-Leitung auf den geraden Strecken PVC-Rohr verwenden und sie an den Winkeln mit kurzen PVC-Schlauchstücken verbinden.

Überwachung der CO_2-Düngung

Der CO_2-Verbrauch hängt wesentlich ab von Pflanzendichte, Beleuchtung, Temperatur, Wasserumwälzung usw. Wird einer dieser Faktoren geändert, muss der CO_2- Gehalt mindestens eine Woche lang besonders sorgfältig überwacht werden. Er sollte etwa bei 10–40 mg/l CO_2 liegen.

Der CO_2-Gehalt lässt sich mit Tropfreagenzien messen. Weil alle CO_2-Reagenzien aber auch mit dem CO_2 in der Luft reagieren, verderben sie leicht und täuschen dann viel höhere CO_2-Werte vor als tatsächlich vorhanden sind. Verlässlicher sind indirekte Messverfahren. Eines, bei dem allerdings auch die Karbonathärte bekannt sein muss, wird im Kapitel Aquarienchemie unter „Kohlendioxid" (s. 58) ausführlich beschrieben.

GUT ZU WISSEN

- Kohlendioxid ist der wichtigste Pflanzendünger überhaupt.
- Ein 100-l-Pflanzenaquarium braucht täglich etwa 1 g CO_2.
- Wartungsfreie CO_2-Düngegeräte bevorzugen (Urlaub!).
- CO_2-Flaschen bereits vor völliger Entleerung auswechseln.
- Der Kohlendioxidgehalt in bepflanzten Aquarien sollte immer etwa 10–40 mg/l CO_2 betragen.
- Nach dem Einbau von CO_2-Düngeanlagen oder nach Änderungen an Filter, Wasserumwälzung, Beleuchtung usw. muss der CO_2-Gehalt mindestens eine Woche lang täglich kontrolliert werden.

nche

Aquarienchemie

Grundlegende Kenntnisse der Wasserchemie ermöglichen es, aquaristische Zusammenhänge zu verstehen und erleichtern auf diese Weise die Pflege des Aquariums.

Braucht man die Chemie wirklich? Nein. Es geht auch ohne. Aber mit etwas Aquarienchemie gelingt die Pflege besser und sicherer. In diesem Kapitel erfährt der Einsteiger das Wichtigste.

Rund um das Wasser (was man nicht unbedingt wissen muss)

Der größte Teil der Erdoberfläche (71 %) ist mit Wasser bedeckt. Die gesamte Wassermenge auf der Erde beträgt rund 1300 Millionen Kubikkilometer. Das entspricht einem Würfel mit der Kantenlänge von etwa 1100 km.

Nur 2,8 % des Wassers sind Süßwasser, wovon das meiste als Grundwasser, Polareis oder atmospärischer Wasserdampf existiert, also praktisch unbewohnbar ist.

Mit nur 0,23 Millionen Kubikkilometern (also 0,6 % des Süßwassers) machen Flüsse und Seen einen winzigen Anteil aus, der von Süßwasserorganismen bewohnt werden kann. Und doch herrscht darin eine unendliche Fülle von Lebensformen!

Wasser – ein ganz besonderer Saft mit ungewöhnlichen Eigenschaften

Wasser hat chemisch und physikalisch sehr ungewöhnliche Eigenschaften. Aber erst dadurch wird das Wasser als Lebensraum nutzbar. Hier einige der ungewöhnlichen Eigenschaften:

- Extrem hohe Lösungsfähigkeit. Wasser ist ein ganz hervorragendes Lösungsmittel. Der Chemiker kennt kein anderes, das derart viele verschiedene Stoffe lösen und aufnehmen kann. Weil es sich außerdem nicht aggressiv, sondern neutral verhält, ist Wasser ein biologisch ideales Trägermedium für die Nähr- und Abfallstoffe aller im Wasser lebenden Tiere und Pflanzen.
- Maximum der Dichte bei +4 °C. Gewöhnlich dehnen sich alle Stoffe in der Wärme aus und schrumpfen in der Kälte. Das tun sie gleichförmig, wie z. B. die Füllstoffe im Thermometer beweisen. Das Wasser schrumpft zwar beim Abkühlen auch, doch sobald es +4 °C unterschreitet, dehnt es sich wieder aus! Diese Anormalität hat bei unseren Gewässern u. a. für die Überwinterung der Fische eine höchst lebenswichtige Bedeutung: Wasser mit +4 °C hat die größte Dichte, sinkt folglich nach unten und bildet am Boden einen Not-Überlebensraum. Wasser, das kälter ist, steigt auf

▲ **Ein typischer** *Schwarzwasserfluss mit teebraunem Wasser und grellweißem Sand ist der Rio Aracá in der Rio-Negro-Region. Schwarzwasser ist nährstoffarm und bietet nur wenigen Spezialisten Lebensraum.*

und kann bei weiterer Abkühlung eine Eisschicht bilden, die als zusätzliche Schutzdecke wirkt. Gäbe es diese Dichte-Anomalie nicht, dann würden unsere Gewässer im Winter auf dem Grund eine kompakte Eisschicht bilden, die im Sommer kaum wieder auftauen könnte (Wasser leitet Wärme schlecht, dadurch wäre keine thermische Zirkulation möglich).

- Hohe Wärmeabgabe beim Gefrieren (333 kJ/l bzw. 80 kcal/l). Wenn Wasser zu Eis gefriert, wird die gleiche Wärmemenge freigesetzt, wie sie kochendheißes Wasser beim Abkühlen von 100 auf 20 °C abgibt. Für unsere Gewässer ergibt sich daraus eine wertvolle Schutzfunktion im Winter: Der Frost muss zunächst Wasser zu Eis gefrieren und zwar mit einem Aufwand, als ob das Wasser um 80 °C zu kühlen sei. Erst danach kann er die Temperatur weiter senken.
- Hoher Wärmeverbrauch beim Verdunsten (2258 kJ/l bzw. 540 kcal/l). Zum Verdunsten oder Verdampfen von 1,0 l Wasser wird die gleiche Wärmemenge verbraucht, die nötig ist, um 7,0 l von 23 auf 100 °C zu erwärmen. Daraus ergibt sich eine lebenswichtige Schutzfunktion, besonders für die Gewässer in den Tropen: Tümpel und Seen trocknen in der Gluthitze der Sonne nicht so rasch aus.

Die Inhaltsstoffe des Wassers (was man wissen sollte)

Wasser kann eine kaum übersehbare Vielfalt verschiedener Stoffe enthalten. Man könnte scherzhaft von einer „geplatzten Apotheke" sprechen. Trotz der Vielzahl der Inhaltsstoffe kann man aber drei Gruppen unterscheiden, die sich sowohl physikalisch als auch chemisch von einander scharf abgrenzen lassen: Moleküle, Ionen, Gase.

Moleküle

Moleküle sind Teilchen, die aus mehreren gleich- oder verschiedenartigen Atomen zusammengesetzt sind. Die Anzahl der Atom-Bausteine liegt meist zwischen 2 und 100, kann aber auch – vor allem bei organischen Substanzen – viele Millionen betragen. Die Zusammensetzung der Moleküle ist in der chemischen Formelsprache leicht erkennbar. Die beteiligten Stoffe werden mit ihrem Symbolzeichen angegeben und die Anzahl der an dem Molekül jeweils beteiligten Atome als Ziffer in Tiefstellung angehängt. Beispiele für Wasser, Kohlensäure, Kohlendioxid: H_2O, H_2CO_3, CO_2.

Moleküle zeigen nach außen hin keine elektrische Ladung. Aber das Wasser hat die besondere Fähigkeit, viele Moleküle in Ionen aufzuspalten, die dann ihrerseits eine elektrische Ladung zeigen. Das gilt insbesondere für die Moleküle von Salzen aller Art.

Salze sind, vereinfacht ausgedrückt, das Reaktionsprodukt aus einer Säure und einer Lauge. So kann man zum Beispiel aus der Reaktion von Salzsäure (HCl) mit Natronlauge (NaOH) eine wässrige Lösung des bekannten Kochsalzes ($NaCl + H_2O$) herstellen. Im Wasser sind meist sehr viele verschiedene Salze gelöst. Weil aber deren Moleküle vom Wasser in Ionen aufgespalten werden und sich danach kaum noch genau sagen lässt, aus welchem Molekül die Ionen ihren Ursprung haben, spricht der

▼ ***Der gewaltige*** *Amazonas wird aus den beiden mächtigen Quellflüssen Rio Solimoes (Weißwasser) und Rio Negro (Schwarzwasser) geboren. Die Wässer vermischen sich nur allmählich, und die Trennlinie ist noch nach vielen Kilometern zu sehen.*

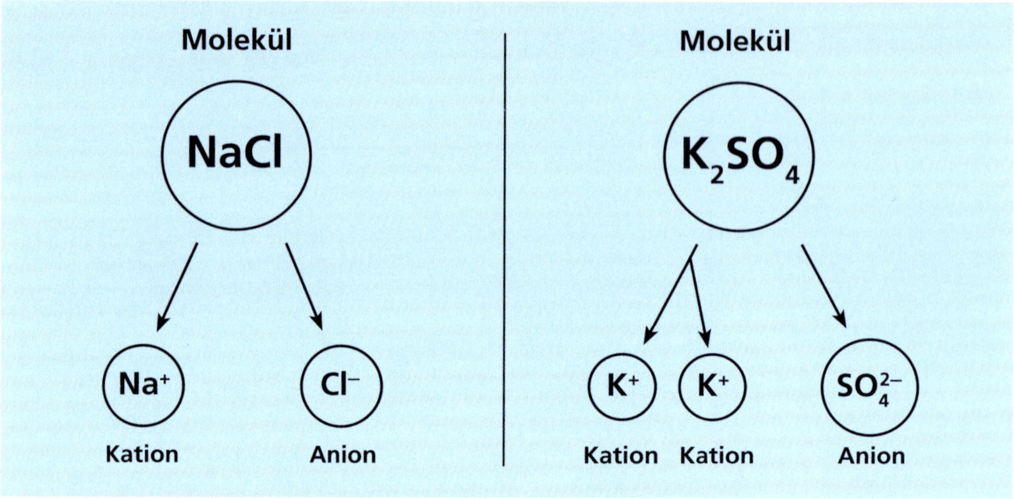

▲ **Moleküle tragen** *keine Ladung. Bei der Aufspaltung durch das Wasser entstehen Ionen mit positiver und Ionen mit negativer Ladung. Hier zwei Beispiele: Natriumchlorid (Kochsalz) und Kaliumsulfat.*

Wasserchemiker selten von den Salzmolekülen, sondern fast nur von den Ionen.

Ionen

Diese Teilchen bestehen meist aus nur wenigen Atomen oder gar nur einem einzigen. Bei der Aufspaltung der Moleküle (Fachsprache: Dissoziation) entstehen positiv geladene Ionen (Kationen) und negativ geladene Ionen (Anionen). Die Summe der Ladungen hebt sich gegeneinander auf, entsprechend dem neutralen Molekül, aus dem sie entstanden sind.

In der chemischen Formelsprache werden Größe und Art der Ladung an die Formel des Ions angehängt, und zwar in Hochstellung. Beispiele: Na^+, Ca^{2-}, HCO_3^-. Ionen bilden die aquaristisch wichtigste Teilchengruppe. Je nach ihrer Zusammenstellung oder Mischung, besser als Ionenspektrum bezeichnet, werden die Wässer chemisch voneinander unterschieden. Insbesondere unterscheidet man:

- Meerwasser. Es hat weltweit praktisch die gleiche Zusammensetzung. Den weitaus größten Anteil stellen die Natriumionen mit positiver Ladung (Na^+) und die Chloridionen mit negativer Ladung (Cl^-). Das Meerwasser ist also im Wesentlichen eine wässrige Lösung, die aus dem bekannten Kochsalz besteht. In weitaus geringeren Mengen sind noch weitere, aber keineswegs unwichtige Salze anwesend. Der Gesamtsalzgehalt liegt in allen Meeren der Welt bei etwa 36 000 mg/l.
- Süßwässer. Sie enthalten hauptsächlich Calcium, Magnesium und Hydrogencarbonat. Außerdem sind stets noch andere Ionen in wechselnden Mengen zugegen. Das Mischungsverhältnis der Ionen ist oft recht ähnlich (sog. „Ionen-Standardverhältnis“). Aber der Gesamtgehalt, also die Konzentration der Ionenmischung, kann sehr verschieden sein und liegt meist zwischen 100 und 800 mg/l. Das Wasser nimmt die Salze bzw. Ionen während seiner Wanderung durch das Erdreich auf. Je nach dessen geologischer Beschaffenheit gibt es daher Wässer mit geringer oder hoher Gesamthärte.

▲ **Diese „Brücke“** am Waschplatz führt zu dichten Beständen von Barclaya und Cryptocorynen.

Gase

Im Wasser sind im Wesentlichen drei Gase gelöst: Stickstoff (N_2), Sauerstoff (O_2) und Kohlendioxid (CO_2). In geringen Spuren sind auch Edelgase nachweisbar, aber diese spielen aquaristisch überhaupt keine Rolle. Manchmal können Sumpfgase (z. B. Methan, Schwefelwasserstoff) auftreten, aber nur im Boden von äußerst ungepflegten Aquarien.

Nicht jedes aus dem Boden emporperlende Gas ist Sumpfgas. Sehr oft ist es Sauerstoff, der von den Wurzeln der Pflanzen abgegeben wurde.

Einzelheiten über die wichtigsten Wasserinhaltsstoffe (Bedeutung, Messung, Beeinflussung usw.) werden in den folgenden Kapiteln besprochen.

Analysieren des Wassers (was man wissen muss)

Im Wasser können sehr viele verschiedene Stoffe gelöst sein. Nicht alle sind aquaristisch bedeutsam. Für die Untersuchung mehrerer wichtiger Stoffe im Aquarienwasser bietet der Zoofachhandel verschiedene Testsets an. Beim Kauf achte man darauf, dass der Meßbereich des Tests auch im aquaristisch wichtigen Bereich liegt. Beispiel: Im Aquarienwasser soll der Gehalt an Eisen (Fe) zwischen 0,03 und 0,1 mg/l betragen; ein Test, dessen Meßbereich erst ab 0,1 mg/l beginnt, nützt überhaupt nichts.

Die Abkürzung mg/l bedeutet **M**illi**g**ramm pro **L**iter, also Tausendstel Gramm pro Liter. Das ist eine Maßeinheit für winzigste Mengen. Wenn man bedenkt, dass 1 l Wasser 1 000 000 mg wiegt, dann bedeutet 1 mg/l eine millionenfache Verdünnung. Das entspricht dem Verhältnis von einem Cent zu 10 000,– Euro.

TIPP

Die beigefügten Gebrauchsanweisungen unbedingt beachten. Flaschen beim Tropfen senkrecht halten; sonst wird die korrekte Tropfengröße, d. h. Reagenzmenge, nicht erreicht. Dann können erhebliche Messfehler auftreten.

Einige Messreagenzien sind giftig. Das soll uns aber nicht vom Analysieren des Wassers abhalten, denn bei sachgemäßem Umgang besteht keine Gefahr. In jedem Haushalt existieren viele gefährliche Stoffe, die frei herumliegen und zum Beispiel beim Verschlucken höchst lebensgefährlich sind: alle Geschirrspülmittel (u. a. durch Schaumbildung in den Atemwegen), Medikamente (bei Missbrauch), Haarshampoo, Fleckenmittel, WC-Reiniger, Waschpulver usw.

Unbedingt sind folgende Sicherheitsregeln zu beachten:

SICHERHEITSREGELN

- Alle Testsets vor Missbrauch sicher aufbewahren, am besten unter Verschluss. Besondere Vorsicht im Haushalt mit Kindern!
- Während der chemischen Arbeiten nicht essen, trinken oder rauchen. Es könnten Chemikalien in den Mund geraten.
- Hautkontakt vermeiden. Falls versehentlich Chemikalien auf die Haut gelangt sind, sogleich unter fließendem Wasser gut abspülen. Messgläschen beim Umschwenken mit einem Stopfen verschließen, niemals mit dem Daumen.

Der letzte Punkt ist auch aus chemischen Gründen wichtig und hilft, Messfehler zu vermeiden. Hautschweiß enthält viele Substanzen in vergleichsweise konzentrierter Form. Misst man zum Beispiel den Ammoniumgehalt und verschließt das Messgefäß beim Umschwenken mit dem Daumen, so erhält man stets zu hohe Werte, weil Hautschweiß auch Ammonium enthält.

Wasserhärte

Der Begriff „Wasserhärte" ist aus heutiger Sicht recht unglücklich gewählt, zumal er den Eindruck erweckt, dass die Härte des Wassers auch fühlbar sei. Das ist jedoch nicht der Fall. Der Begriff entstand um 1900 in der Dampfkesselzeit. Die Wässer, die beim Verdampfen viel Kesselstein hinterließen, waren „hart".

Später konnte man die Härte eines Wassers zahlenmäßig durch Messen mit einer Standard-Seifenlösung erfassen. Erstaunliches kam dabei heraus: Bei manchen Wässern lässt sich die Härte durch einfaches Abkochen senken, bei anderen aber nicht. Es musste also mehrere, verschiedenartige Wasserhärten geben.

Mit verfeinerter Analysentechnik ließen sich schließlich Gesamthärte und Karbonathärte unterscheiden.

- Gesamthärte ist der Gehalt des Wassers an Salzen der sogenannten Erdalkalien, also an Salzen von Calcium (Ca^{2+}), Magnesium (Mg^{2+}), Barium (Ba^{2+}) und Strontium (Sr^{2+}).
- Karbonathärte ist allein derjenige Teil der Gesamthärtebildner, für die als Salzpartner die Anionen Carbonat (CO_3^{2-}) oder Hydrogencarbonat (HCO_3^-) im Wasser vorhanden sind. Nur dieser Teil der Gesamthärtebildner kann eine Verbindung als Calciumcarbonat ($CaCO_3$; bzw. $MgCO_3$, $BaCO_3$, $SrCO_3$) eingehen, kann also als Kalk oder Kesselstein ausfallen. Die übrigen Gesamthärtebildner, für die als Salzpartner nur noch andere Anionen vorhanden sind (z. B. Chlorid- oder Sulfationen), zählen nicht zur Karbonathärte.

Diese Definition der Härtebegriffe hat sich fest eingebürgert. Berufs-Chemiker benutzen heute allerdings andere Bezeichnungen. Sie sprechen

▲ **Schmetterlingsbuntbarsche lassen** *sich vor allem in weichem Wasser nachzüchten.*

nicht von Gesamthärte, sondern vom Gehalt an Erdalkali-Ionen. Die Karbonathärte nennen sie Säurekapazität. Sie benutzen auch nicht das Maß Deutsche Grad (°d), sondern Millimol pro Liter (mmol/l). Aber im Alltagsgebrauch und in der Aquaristik sind die Bezeichnungen Gesamthärte, Karbonathärte und Deutsches Grad noch so gebräuchlich und werden meist besser verstanden, dass auch wir sie noch benutzen wollen.

Gesamthärte

Die Gesamthärte (GH), also der Gehalt des Wassers an Salzen der Erdalkalien, spielt in der Aquaristik eine bedeutende Rolle, denn die Bildner der Gesamthärte stellen meist etwa 75 % des gesamten Salzgehalts im Wasser.

Eine hohe Gesamthärte ist also gleichbedeutend mit einem hohen Gesamtsalzgehalt, und in den meisten Fällen gilt das Gleiche auch umgekehrt.

Die Gesamthärte wird vor allem durch den Gehalt an Calcium- und Magnesiumsalzen verursacht. Die übrigen Erdalkalien, also Barium und Strontium, sind nur selten in nennenswerten Mengen vorhanden.

Man kann die Gesamthärte nach folgender Tabelle beurteilen:

BEURTEILUNG DER GESAMTHÄRTE

nach Deutschen Graden

unter 3	°dGH	sehr weich
3–7	°dGH	weich
7–14	°dGH	mittelhart
14–21	°dGH	hart
über 21	°dGH	sehr hart

UMRECHNUNG DER GESAMTHÄRTE

°d	mmol/l	°d	mmol/l	°d	mmol/l
1	0,18	11	1,98	21	3,78
2	0,36	12	2,16	22	3,96
3	0,54	13	2,34	23	4,14
4	0,72	14	2,52	24	4,32
5	0,90	15	2,70	25	4,50
6	1,08	16	2,88	26	4,68
7	1,26	17	3,06	27	4,86
8	1,44	18	3,24	28	5,04
9	1,62	19	3,42	29	5,22
10	1,80	20	3,60	30	5,40

Messung der Gesamthärte

Die Gesamthärte lässt sich sehr einfach mit einem GH-Tropftest bestimmen. Hierzu schöpft man mit dem zugehörigen Messgläschen eine Wasserprobe bis zur Markierung. Dann tropft man langsam von der GH-Reagenzlösung hinzu, bis die Farbe der Wasserprobe umschlägt. Die bis dahin verbrauchte Anzahl Tropfen entspricht der Gesamthärte in °d.

Einfacher, aber auch ungenauer gelingt die Messung mit Tauch-Teststäbchen, die zonenweise mit verschiedenen Reagenzien präpariert sind. Die Stäbchen werden für einige Sekunden in das zu messende Wasser gehalten, herausgenommen und durch leichtes Abschütteln vom anhängenden Wasser befreit.

Die Reagenzzonen verfärben sich je nach Härtegrad, und durch Vergleichen mit Farbmustern auf der Verpackung lässt sich dann die Gesamthärte ablesen. Allerdings erlauben die Tauchstäbchen nur eine grobe Beurteilung der Härtegrade z. B. in vier Stufen.

Als Maßeinheit für die Gesamthärte gibt es außer „Deutsche Grad °d" auch die Einheit „Summe Erdalkalien mmol/l". Dieses Maß ist vom „Gesetz über Einheiten im Messwesen"

◂ ***Cichliden aus*** *den afrikanischen Seen müssen in härterem Wasser gepflegt werden.*

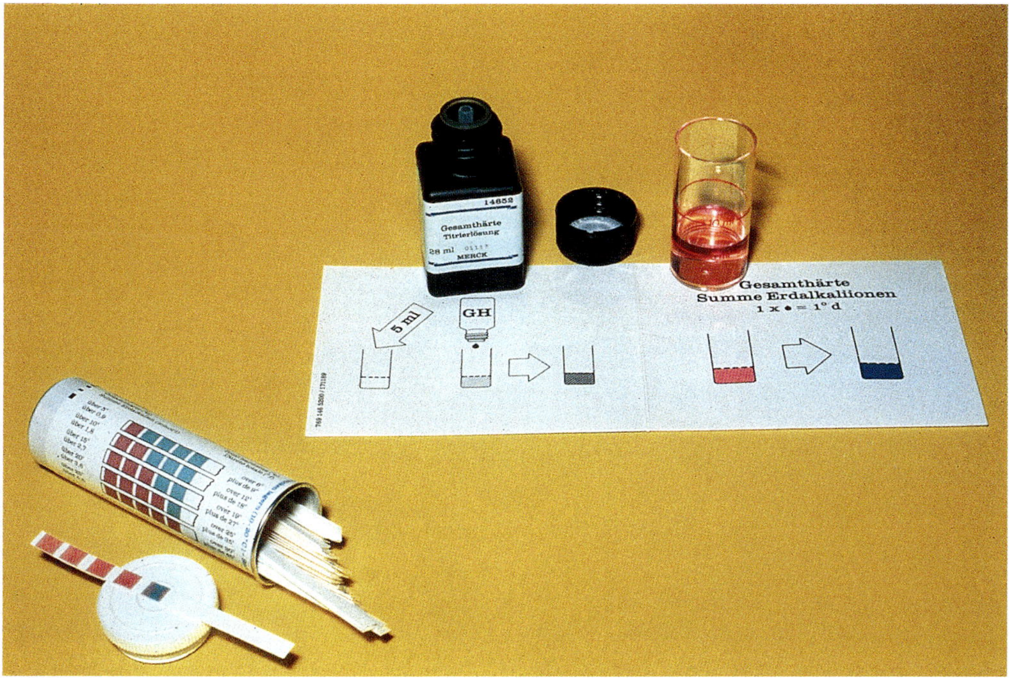

▲ **Zum Messen** *der Gesamthärte ein Tropftest (rechts) bzw. Tauchstäbchen (links) als Beispiel.*

vorgeschrieben im geschäftlichen und amtlichen Verkehr, also beispielsweise für das Wasserwerk beim Verkauf von Trinkwasser. Aber die Aquaristik ist davon nicht betroffen. Bei der Umrechnung hilft die Tabelle „Umrechnung der Gesamthärte“ auf der linken Seite.

Achtung: Bei Umrechnungen der KH °d in mmol/l gilt die Tabelle im Kapitel „Karbonathärte“ auf S. 54!

Grenzwerte der Gesamthärte

Eine allgemeingültige, biologische Wertung nach Härtegraden ist nicht möglich, es kommt stets auf den Einzelfall an. Manche Fische lassen sich nur in relativ harten oder, genauer gesagt, salzreichen Süßwässern züchten, weil diese Tiere in ihrem Heimatbiotop an solches Wasser gewöhnt sind. Zu ihnen gehören z. B. die Fische aus dem Tanganjikasee oder dem Malawisee in Afrika, deren Wässer übrigens deutlich von der Standardzusammensetzung üblicher Süßwässer abweichen. Extrem hartes Wasser neigt zur Bildung von Kalkrändern auf der Aquarienscheibe.

Ein weiches oder – genauer gesagt – salzarmes Wasser bevorzugen dagegen zum Beispiel der Rote Neon oder der Diskusbuntbarsch, denn beide stammen aus dem Amazonasgebiet. Dort führen vor allem die Schwarzwasserflüsse und sehr viele Klarwasserflüsse extrem weiches Wasser. Solche Fische lassen sich zwar problemlos auch in mittelhartem oder gar hartem Wasser pflegen, Züchter bevorzugen aber nicht selten Aquarienwasser mit geringer Härte. Für den Normalgebrauch sollte extrem weiches Wasser vermieden werden, weil es chemisch wenig stabil ist.

▲ **Tausend Rote** *Neon in jeder Wanne. Der niedrige Wasserstand garantiert guten Luftaustausch und damit ausreichende Sauerstoffversorgung für die Fische.*

Es sei betont, dass die meisten Aquarienfische sich bei etwa 4–15 °dGH nicht nur problemlos halten, sondern auch durchaus vermehren lassen. Es ist also normalerweise nicht notwendig, die Härte des zur Verfügung stehenden Leitungswassers zu ändern. Im Zweifelsfall erkundige man sich vor dem Kauf nach den Ansprüchen der Fische.

Die meisten Aquarienpflanzen stellen keine besonderen Ansprüche an die Gesamthärte. Probleme können aber aus osmotischen Gründen bei größeren Änderungen der Wasserhärte auftreten (zur Osmose siehe mein „Handbuch Aquarienwasser").

Die Umstellung der Pflanzen vom weichen zum harten Wasser gelingt meist leicht. Erfahrungen zeigen, dass sogar Cryptocorynen aus Tropengewässern mit nur 0,5 °d problemlos in Aquarienwasser bei 25 °d weiterwachsen und sich vermehren. Aber umgekehrt vom harten zum weichen Wasser passieren häufig Zusammenbrüche, bei denen die Pflanzen sämtliche Blätter verlieren. Nach längerer Erholungszeit treiben aber viele Pflanzen wieder aus.

Verändern der Gesamthärte

Zur Pflege der meisten Fische genügt fast immer das zur Verfügung stehende Leitungswasser. Sollte aber z. B. für Zuchtzwecke die Härte des Leitungswassers zu hoch sein, stellt man mittels Umkehrosmosegerät oder Ionenaustauscher härtefreies Wasser her und mischt es dem Leitungswasser zu. Genaue Auskunft über die Verfahren und deren Handhabung gibt das „Handbuch Aquarientechnik".

Zum Aufhärten extrem weicher Wässer kann man ein GH+KH-Aufhärtepulver aus dem Zoohandel zugeben. Allerdings enthalten alle Aufhärtepulver unvermeidbar auch andere Substanzen (insbesondere Natrium), die nicht

GUT ZU WISSEN

- Die Gesamthärte erfasst etwa 75 % des gesamten Salzgehalts im Süßwasser.
- Die Höhe der Gesamthärte ist kein Maß für die biologische Qualität.
- Die meisten Aquarienfische und -pflanzen passen sich der vorhandenen Härte an.
- Manche Fische verlangen zur Zucht etwa die gleiche Härte wie im Heimatbiotop.

unbedingt erwünscht sind. Besser ist es, wenn man mittels Kalk-Kohlensäure-Reaktion hartes Wasser herstellt und zugibt. Näheres im „Handbuch Aquarienwasser".

Karbonathärte

Wie unter „Wasserhärte" bereits erklärt, ist die Karbonathärte (KH) derjenige Anteil der Gesamthärtebildner, für den als Salzpartner Karbonat-Ionen oder Hydrogenkarbonat-Ionen zur Verfügung stehen. Nur dieser Teil der Gesamthärte kann eine Verbindung als Karbonat eingehen, kann also z. B. als Kalk ausfallen.

Daraus folgt zwangsläufig, dass die Karbonathärte niemals höher als die Gesamthärte sein kann! Das gilt auch dann, wenn die aquaristisch üblichen Messverfahren scheinbar anderes ergeben. Für den Fortgeschrittenen wird diese Tatsache im „Handbuch Aquarienwasser" ausführlich erläutert.

In den meisten Gewässern beträgt die Karbonathärte ungefähr 80 % der Gesamthärte, beide gemessen in °d (Deutsche Grad). Ein Wasser mit 15 °dGH hat also oftmals ungefähr 12 °dKH.

Die Karbonathärte spielt im Aquarium eine noch wichtigere Rolle als die Gesamthärte. Die folgende Gleichung zeigt, dass die Karbonathärte-Bildner in Kalk und Kohlensäure zerfallen können; die chemischen Namen und die aquaristische Bedeutung stehen darunter:

GUT ZU WISSEN

$Ca(HCO_3)_2$	<–>	$CaCO_3$	+	H_2CO_3
Kalzium-hydrogen-karbonat (KH-Bildner)		Kalzium-karbonat (Kalk)	+	Kohlen-säure

Der Pfeil weist in beide Richtungen und bedeutet, dass die Gleichung auch in umgekehrter Richtung gültig ist: Wirkt Kohlensäure auf Kalk ein, so entsteht Karbonathärte.

Wann die Gleichung in der einen Richtung und wann in der anderen abläuft, hängt von Angebot und Nachfrage ab. Mangelt es z. B. an Kohlensäure, dann zerfallen KH-Bildner zu Kalk und Kohlensäure.

Das passiert, wenn die Wasserpflanzen kräftig wachsen und durch intensive Fotosynthese das Kohlendioxid im Wasser aufgebraucht haben. Dann zerfällt ein Teil der KH-Bildner, und der entstehende Kalk schlägt sich an Ort und Stelle nieder, nämlich auf den Blättern der Pflanzen. Sie bekommen einen weißgrauen Belag, der sich wie Sandpapier anfühlt. Für die Aquarienpflanzen ist das harter Stress und nicht wenige sterben ab.

Weil bei diesem Vorgang die Karbonathärte sinkt, sprechen manche Autoren geschönt von „biogener Entkalkung". Aquaristisch gesehen ist der Prozess jedoch keineswegs ein Grund zur Freude. Er muss unbedingt vermieden werden, vor allem im Interesse unserer Aquarienpflanzen! Wie man für genügend Kohlendioxid im Aquarienwasser sorgt, beschreibt das Kapitel „Düngen mit Kohlendioxid".

Auch der umgekehrte Fall – die Gleichung verläuft von rechts nach links – kann im Aquarienwasser vorkommen, allerdings nur dann, wenn man ziemlich weiches Wasser und einen kalkhaltigen Bodengrund hat. Dann kann es passieren, dass die Kohlensäure mit dem Kalk

UMRECHNUNG DER KARBONATHÄRTE

°d	mmol/l	°d	mmol/l	°d	mmol/l
1	0,36	11	3,96	21	7,56
2	0,72	12	4,32	22	7,92
3	1,08	13	4,68	23	8,28
4	1,44	14	5,04	24	8,64
5	1,80	15	5,40	25	9,00
6	2,16	16	5,76	26	9,36
7	2,52	17	6,12	27	9,72
8	2,88	18	6,48	28	10,08
9	3,24	19	6,84	29	10,44
10	3,60	20	7,20	30	10,80

reagiert und Karbonathärte bildet, dass also die Karbonathärte im Wasser allmählich ansteigt. Wer auf weiches Wasser Wert legt, weil seine Pfleglinge das so verlangen, muss kalkfreien Bodengrund verwenden, also z. B. Quarzkies.

Messung der Karbonathärte

Zum Messen der Karbonathärte werden im Zoofachhandel sehr einfach anwendbare Tropftests angeboten. Sie erlauben Messungen mit 1 °d Auflösung. Für die Karbonathärte wird außer dem Maß „Deutsche Grad °d“ auch die Maßeinheit „Säurekapazität mmol/l“ verwendet. Bei der Umrechnung hilft die Tabelle.

Achtung: Bei Umrechnungen der GH °d in mmol/l gilt die Tabelle im Kapitel „Gesamthärte“ auf S. 50!

Grenzwerte der Karbonathärte

Es gelten gleichartige Grundsätze wie bei der Gesamthärte. Für die meisten Aquarien sind Wässer zwischen 3 und 12 °dKH ideal. In sehr weichen Wässern muss der pH-Wert allerdings häufiger kontrolliert werden, weil bereits geringe Änderungen des Kohlendioxid-Gehalts genügen, um den pH-Wert relativ stark zu verändern. Wässer unter 3 °d können tückisch instabil sein!

Verändern der Karbonathärte

Das Senken der Karbonathärte ist nur in besonderen Ausnahmen sinnvoll, denn die KH ist ein wesentlicher Stabilitätsfaktor. Wenn es aber doch sein soll, dann stellt man (wie beim Senken der GH) mittels Umkehrosmosegerät oder Ionenaustauscher härtefreies Wasser her und mischt es dem Leitungswasser zu.

Zum Erhöhen der Karbonathärte bietet der Zoofachhandel „KH-Pulver“ an. Genau genommen kann dadurch die Karbonathärte nur so weit erhöht werden, dass sie die Gesamthärte nicht übersteigt.

Für weitere Erhöhungen können Präparate verwendet werden, die gleichzeitig GH und KH erhöhen. Oder man gibt hartes Wasser hinzu, welches mittels Kalk-Kohlensäure-Reaktion hergestellt worden ist.

GUT ZU WISSEN

- Die Karbonathärte kann niemals größer als die Gesamthärte sein, auch wenn Aquarientests etwas anderes aussagen sollten.
- Die Höhe der Karbonathärte beträgt meist etwa 80 % der Gesamthärte.
- Bei Mangel an Kohlensäure fällt ein Teil der Karbonathärte aus und bildet Kalkablagerungen.
- Die Karbonathärte wirkt stabilisierend auf den pH-Wert.
- Wasser unter 3 °dKH ist nur wenig stabil und bedarf daher einer besonderen Aufmerksamkeit.

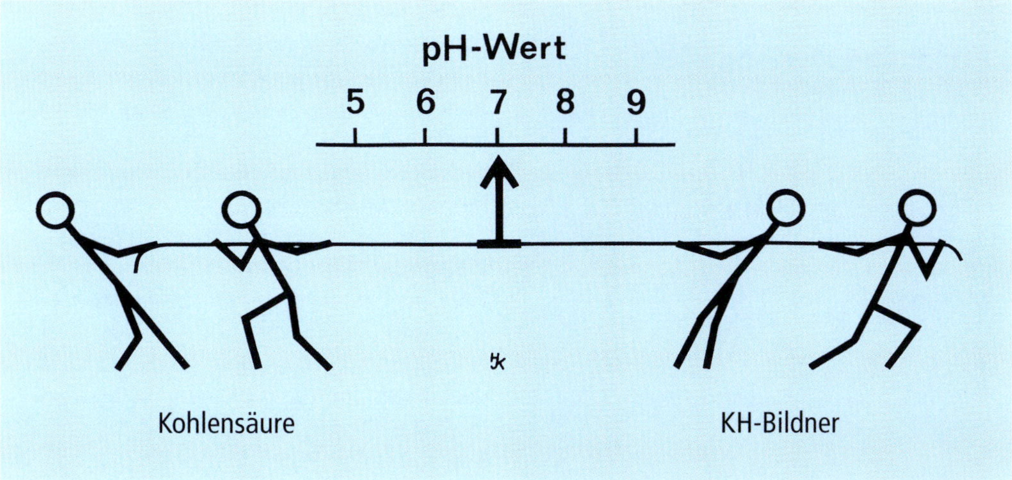

▲ **Im normalen** *Aquarienwasser (d. h. ohne Torfbehandlung und ohne chemische Zusätze) hängt der pH-Wert vom Verhältnis des Kohlensäuregehalts zur Karbonathärte ab.*

pH-Wert

Der pH-Wert kennzeichnet den Gehalt des Wassers an Säuren und Basen. Er unterscheidet jedoch nicht im Einzelnen nach Art und Menge der Komponenten, sondern beschreibt das Kräfteverhältnis aller beteiligten Säuren und Basen zueinander. So kann zum Beispiel eine große Menge einer schwachen Säure, etwa der Kohlensäure, eine ähnliche Wirkung auf den pH-Wert ausüben wie nur wenige Tropfen einer starken Säure, etwa der Salzsäure. Sinngemäß gilt das Gleiche für die Basen. Die wässrigen Lösungen starker Basen nennt man auch Laugen.

Die pH-Skala erstreckt sich von pH 0 bis pH 14. Ist das Kräfteverhältnis der Säuren und Basen im Wasser ausgewogen, dann liegt der pH-Wert in der Mitte der Skala, er beträgt also pH 7. Überwiegen die Säuren, so rutscht der pH-Wert tiefer. Überwiegen dagegen die Basen, so steigt der pH-Wert über 7.

Sehr wichtig: Die pH-Skala verläuft logarithmisch. Folglich bedeutet jede Stufe der pH-Skala den Faktor 10. Ein Wasser mit pH 6

▼ **Der pH-Wert** *wird vom Kräfteverhältnis der Säuren und Basen bestimmt.*

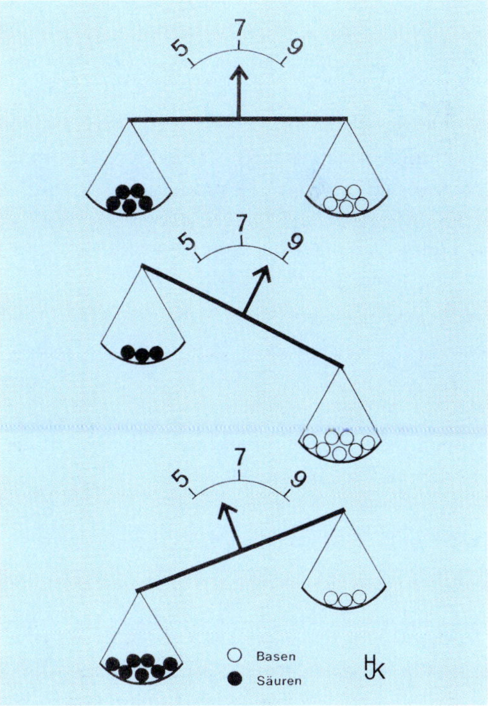

▲ *Eine Pflanzenfarm in Thailand. Das Bambusdach senkt die Beleuchtungsstärke auf etwa 20 % und verhindert damit die Bildung von Algen.*

enthält also zehnmal so viel Säuren wie ein solches mit pH 7 und dieses wiederum zehnmal so viel Säuren wie ein Wasser mit pH 8! So wird verständlich, dass eine Änderung des pH-Werts um nur eine einzige Stufe schon ganz erhebliche Milieuänderungen für die Aquarienbewohner bedeutet.

In natürlichen Gewässern wie auch im Aquarienwasser wird der pH-Wert hauptsächlich durch zwei Komponenten bestimmt: die Kohlensäure und die Bildner der Karbonathärte. Die Abbildungen auf S. 55 veranschaulichen das. Wässer mit hoher Karbonathärte und geringem Kohlensäuregehalt haben regelmäßig einen hohen pH-Wert. Umgekehrt hat weiches Wasser mit hohem Kohlensäuregehalt einen niedrigen pH-Wert. So wird verständlich, dass der pH-Wert für sich allein nur wenig aussagt.

In Ausnahmefällen kommt noch eine andere wesentliche Säurekomponente hinzu, und zwar die sogenannten Huminsäuren. Sie sind beispielsweise im Torf enthalten. Wenn das Aquarienwasser über Torf gefiltert wird, gelangen die Huminsäuren ins Wasser und säuern es an. Auch manche Gewässer in der Natur enthalten größere Mengen an Huminsäuren. Hierzu zählen z. B. die Moorgewässer und die sogenannten Schwarzwässer.

Insbesondere in den Tropen gibt es eine ganze Reihe von Schwarzwasserflüssen. Der wohl bekannteste fließt durch Amazonien und heißt Rio Negro („schwarzer Fluss"). Er trägt seinen Namen zu Recht: Der hohe Gehalt an Huminsäuren und -stoffen gibt seinem Wasser eine dunkelbraune, teeartige Farbe und verwehrt den Blick in größere Tiefen. Obwohl das Wasser hier kaum Kohlensäure enthält, ist es wegen seiner Huminsäuren relativ sauer (pH-Wert etwa pH 4).

Messung des pH-Werts

Der pH-Wert lässt sich sehr einfach mit Farbindikatoren messen. Die Messgenauigkeit kann 0,5 oder sogar 0,2 pH erreichen. Das genügt normalerweise vollauf.

Wer genauer messen will, muss zu einem elektrischen pH-Meter greifen. Allerdings ist es nicht gerade billig, und außerdem muss man es regelmäßig mit pH-Vergleichslösungen kontrollieren und nötigenfalls nachstellen. Die Messelektrode verschleißt und muss nach einiger Zeit ersetzt werden. Für die normale Aquarienpraxis lohnt sich daher die Anschaffung kaum.

Grenzwerte des pH-Werts

Die meisten Aquarienfische sind an pH-Werte zwischen 6 und 8 gewöhnt. Oft wird angenommen, dass weiches und leicht saures Wasser grundsätzlich das ideale Aquarienwasser sei. Das stimmt nicht! Es kommt ganz auf die Herkunft der zu pflegenden Fische an, oder genauer gesagt, auf die Zusammensetzung ihrer Heimatgewässer. Schwierig zu züchtende Fische verlangen eine ähnliche Wasserzusammensetzung wie in ihren Heimatgewässern, unter denen es selbst-

TIPP

Das Zierliche Perlenkraut, *Hemianthus micranthemoides*, ist eine ideale Vordergrundpflanze. Sie verträgt keine hohe Gesamthärte des Wassers, benötigt aber eine gewisse Karbonathärte, um optimal wachsen zu können.

verständlich auch weiche und saure Gewässer gibt. Aber weiche und saure Gewässer sind auch in den Tropen durchaus nicht die Regel!

Wenn Pflanzen im Aquarium wachsen, dann schwankt der pH-Wert im Tagesrhythmus. Die Ursache liegt darin, dass die Pflanzen nur tagsüber Kohlendioxid aufnehmen und deshalb der Kohlensäuregehalt schwankt (der Unterschied zwischen Kohlensäure und -dioxid wird im Kapitel „Kohlendioxid" erläutert). Der pH-Wert ist morgens deutlich niedriger als abends. Die Höhe der Schwankungen hängt von der Pflanzenmasse und deren Aktivität sowie von der Karbonathärte ab. Letztere wirkt als pH-Puffer: Je höher die Karbonathärte ist, desto geringer sind die pH-Schwankungen.

Verändern des pH-Werts

Häufig wird das Aquarienwasser bei dem Versuch, es durch säuernde Zusätze „gewaltsam" sauer zu machen, total verdorben. Dabei wird vergessen, dass der pH-Wert ein Summenmerkmal ist und keinerlei Auskunft über die tatsächliche Zusammensetzung des Wassers gibt. Zwar lässt sich der pH-Wert in jedem Aquarienwasser durch säuernde Zusätze aus der Flasche oder Tüte auf genau denselben pH-Wert bringen, wie ihn z. B. der Rote Neon aus seiner Heimat kenn.Aber damit bekommt das Aquarienwasser keineswegs dieselbe Zusammensetzung, wie sie dieser Fisch gewöhnt ist und braucht!

Außerdem wird bei dem Versuch, den pH-Wert durch technische Säuren zu senken, meist die Karbonathärte zum Teil oder gar gänzlich zerstört. Folglich wird der pH-Wert labil und kann u. U. unerwartet tief absinken.

Deshalb sollte der pH-Wert im Aquarienwasser grundsätzlich mit den gleichen Mitteln eingestellt werden wie es auch in der Natur geschieht, nämlich durch die Höhe der Karbonathärte und den Gehalt an Kohlensäure bzw. Kohlendioxid! Oder andersherum ausgedrückt: Stellt man die Karbonathärte und den CO_2-Gehalt entsprechend den natürlichen Bedingungen ein, so erhält man in der Regel automatisch auch genau den richtigen pH-Wert.

▲ **Scharenweise kommen** *neugierige Fische, Danio aequipinnatus, herbei, auch in Quellgewässern mit nur 1,6 mg/l O_2 und weit über 60 mg/l CO_2.*

In Wässern mittlerer und niedriger Härte kann man den pH-Wert gefahrlos durch Filtern über Torf senken. Er gibt Huminstoffe ab, die das Wasser ansäuern. Je niedriger die Härte des Wassers ist, desto wirksamer ist die Torffilterung.

Der pH-Wert torfgefilterten Wassers lässt sich wieder anheben, indem man einen Teil des Wassers auswechselt. Oder man filtert über Aktivkohle und entfernt damit die Huminstoffe wieder, wodurch der pH-Wert entsprechend ansteigt.

GUT ZU WISSEN

- Der pH-Wert ist ein Summenmerkmal. Er ist kein Maß für Art oder Menge der Säuren und Basen.
- Der pH-Wert des Aquarienwassers wird hauptsächlich von der Kohlensäure und der Karbonathärte bestimmt.
- Der pH-Wert lässt sich gefahrlos durch Filtern über Torf senken.

Kohlendioxid

Kohlendioxid ist ein farbloses Gas, das in der Luft zu etwa 0,03 Vol.-% enthalten ist. Seine chemische Formel lautet CO_2. Es wird manchmal auch als Kohlensäure bezeichnet, doch ist dies nicht korrekt, denn Kohlensäure entsteht erst durch die Reaktion von Kohlendioxid mit Wasser:

$$CO_2 + H_2O \rightarrow H_2CO_3$$

Kohlendioxid + Wasser –> Kohlensäure

Weil aber nur 0,1 % des Kohlendioxids mit dem Wasser reagiert und Kohlensäure bildet, während 99,9 % chemisch unverändert bleiben, spricht man grundsätzlich besser von Kohlendioxid.

Kohlendioxid wird u. a. von allen Tieren bei der Atmung abgegeben. Der Rote Neon, *Paracheirodon axelrodi*, produziert etwa 8–10 mg CO_2 pro Tag. Größere Fische liefern entsprechend mehr.

Das Kohlendioxid im Aquarienwasser entweicht zum Teil in die Luft, und zum Teil wird es von den Aquarienpflanzen aufgenommen.

Pflanzen verbrauchen das Kohlendioxid bei der Fotosynthese und geben dafür Sauerstoff ab, den wiederum die Fische zur Atmung benötigen. So könnte man beinahe von einem sich gegenseitig ergänzenden Biosystem sprechen, das weiter keiner Aufmerksamkeit bedarf. Das trifft aber nur sehr selten zu.

Kohlendioxid ist schwerer als Luft. In nicht ganz gefüllten Aquarien kann es daher passieren, dass sich auf der Wasseroberfläche eine Schicht Kohlendioxid ablagert.

Luftatmende Fische, wie z. B. Panzerwelse oder Kampffische, können dann nicht mehr

Kohlendioxidgehalt in mg/l (gerundet) bei 25 °C nach Krause

°dKH	pH-Wert						
	6,6	6,8	7,0	7,2	7,4	7,6	7,8
2	16	10	7	4	3	2	1
4	32	20	13	8	5	3	2
6	50	30	20	12	8	5	3
8	65	40	25	16	10	6	4
10	80	50	32	20	13	8	5
12	100	60	40	24	15	10	6
14	115	70	45	28	18	11	7
16	130	80	50	32	20	12	8
18	145	90	58	36	23	14	9
20	160	100	65	40	25	16	10

Beispiel: Es wurden 12 °dKH und pH 7,2 gemessen. Dann enthält das Aquarienwasser rund 25 mg/l CO_2. Die roten Zahlen in dieser Tabelle kennzeichnen den für bepflanzte Aquarien empfohlenen Bereich von 10–40 mg/l CO_2.

die darüberliegende Luftschicht erreichen und ersticken. Typisches Verhalten: Diese Fische schießen anfallsweise in Panik kreuz und quer durch das Aquarium und zeigen sichtlich Anstrengung und Erschöpfung zugleich. Andere Fische, die keine Luftatmer sind, verhalten sich unauffällig.

Zur Abhilfe kann man das Wasser bis dicht unter den Rand auffüllen, damit das CO_2 abfließen kann, oder mit einer Luftpumpe die Wasseroberfläche anblasen und damit für Turbulenzen sorgen.

Nicht nur Tiere atmen, sondern auch Pflanzen tun es. Das heißt, auch Pflanzen geben ständig Kohlendioxid ab. Tagsüber merkt man nichts davon, weil die Pflanzen während der Beleuchtungszeit weitaus mehr CO_2 aufnehmen als sie produzieren.

Messung des Kohlendioxidgehalts

Der Kohlendioxidgehalt lässt sich mit Tropfreagenzien leicht messen. Allerdings verderben die Reagenzien leicht, weil sie auch mit dem Kohlendioxid der Luft reagieren. Deshalb müssen die Reagenzflaschen nach Gebrauch sofort wieder fest verschlossen werden. Spätestens sechs Monate nach Anbruch sollte ein neuer CO_2-Test gekauft werden. Verdorbene Reagenzien zeigen viel mehr Kohlendioxid an, als tatsachlich vorhanden ist.

Am besten bestimmt man den CO_2-Gehalt indirekt. Wie im Kapitelanfang gezeigt, reagieren etwa 0,1 % des Kohlendioxids mit dem Wasser zu Kohlensäure. Je mehr Kohlendioxid im Wasser gelöst ist, desto mehr Kohlensäure ist vorhanden, und desto saurer wird der pH-Wert. Weil auch die Bildner der Karbonathärte

▲ **Prächtige Cryptocorynen** *im Bereich ergiebiger Sickerquellen.*

den pH-Wert erheblich beeinflussen, muss man beide Größen messen und kann dann in der Tabelle als Ergebnis den CO_2-Gehalt ablesen.

Bekanntlich nehmen die Pflanzen das Kohlendioxid nur tagsüber auf. Folglich schwankt der CO_2-Gehalt im Tagesrhythmus: Er ist morgens höher als abends. Das muss man bei der Beurteilung des Messergebnisses berücksichtigen, und deshalb notiert man im Messprotokoll auch die Uhrzeit.

Grenzwerte des Kohlendioxidgehalts

Kohlendioxid wird oft als gefährliches Gift angesehen. Wenn das zuträfe, würde uns jedes CO_2-haltige Getränk (Limonade, Bier usw.) schlecht bekommen!

Versuche an üblichen Aquarienfischen zeigten, dass die meisten auch bei über 100 mg/l CO_2 nicht auffällig reagieren. Auch bei meinen Untersuchungen in den Tropengewässern erlebe ich es immer wieder, dass Fische scharenweise voller Neugierde herbeikommen und sogar in extrem CO_2-haltigen Quellregionen umherschwimmen (Bild S. 58). Im Aquarium können einige empfindliche Fische mit nachlassender Fresslust reagieren, wenn der CO_2-Gehalt über etwa 60 mg/l steigt. Bei den Grenzwerten muss zwischen dem reinen Fischaquarium und dem Aquarium mit Pflanzen unterschieden werden.

- **Fischaquarium.** Werden nur Fische gepflegt, so braucht man sich um das Kohlendioxid tatsächlich keine Gedanken zu machen. Durch Belüftung mittels Luftpumpe und Sprudelstein oder mit einer kräftigen Wasserumwälzung sorgt man einfach dafür, dass alles anfallende Kohlendioxid sogleich nach außen an die Luft abgegeben wird. Dann stellt sich im Aquarienwasser ein ziemlich konstanter Gehalt von nur wenigen mg/l CO_2 ein, der nicht weiter kontrolliert zu werden braucht.

Allerdings muss man bei Wässern über etwa 2 bis 3 °dKH mit Kalkablagerungen insbesondere am Beckenrand rechnen, weil höhere Karbonathärten einen höheren Gehalt an CO_2 verlangen.

- **Aquarium mit Pflanzen.** Der CO_2-Gehalt sollte im Bereich von 10–40 mg/l liegen. Bei CO_2-Mangel können zwar einige Pflanzen notfalls auch Hydrogenkarbonate, also KH-Bildner, verwerten. Aber die Folgen sind sinkende Karbonathärte, ein weißgrauer Kalkbelag auf den Blättern und kümmernde Aquarienpflanzen. Als oberste Grenze sehe ich, mit Rücksicht auf die Fische, etwa 60 mg/l Kohlendioxid an. Bei besonders empfindlichen Fischen, wie z. B. Diskus, sollten 40 mg/l nicht überschritten werden.

Verändern des Kohlendioxidgehalts

Wie man den Gehalt an Kohlendioxid erhöht, beschreibt das Kapitel „Düngen mit Kohlendioxid" ab S. 36.

Sollte der Kohlendioxidgehalt ausnahmsweise einmal zu hoch sein, kann man ihn leicht senken, indem man den Filterauslauf einige Zentimeter über der Wasseroberfläche anbringt und das Wasser herabplätschern lässt. Oder man bewegt die Wasseroberfläche kräftig mit einer Kreiselpumpe.

GUT ZU WISSEN

- Bei akutem Mangel an Kohlendioxid kann ein Teil der Härtebildner als Kalk ausfallen, und zwar vor allem auf Pflanzenblättern.
- In stark belüfteten Wässern stellt sich der CO_2-Gehalt auf etwa 0,5 mg/l CO_2 ein.
- Nicht nur Fische, sondern auch Pflanzen atmen und geben Kohlendioxid ab.
- In bepflanzten Aquarien mangelt es sehr oft an CO_2. Es sollten etwa 10–40 mg/l vorhanden sein.
- Der CO_2-Gehalt sollte 60 mg/l nicht übersteigen.
- Messreagenzien für Kohlendioxid verderben leicht. Die indirekte Messung über KH und pH-Wert ist verlässlicher.

Sauerstoff

Um Irrtümern vorzubeugen: Der Sauerstoff ist nicht säuerlich und verändert auch nicht den pH-Wert, wie sein Name vermuten lässt. Sauerstoff ist ein geschmack- und geruchloses Gas, das zu rund 21 Vol.-% in unserer Luft enthalten ist; seine chemische Formel ist O_2. Sauerstoff wird von fast allen Lebewesen zur Atmung benötigt.

Im Aquarium wird Sauerstoff nicht nur von den Fischen verbraucht, sondern beispielsweise auch von den Filterbakterien und den Pflanzen. Tagsüber liefern gesunde Pflanzen Sauerstoff (ein Abfallprodukt der Fotosynthese), und zwar mehr als sie im Verlauf von 24 Stunden verbrauchen.

Zwischen Wasser und Luft diffundieren Gase ein und aus, und allmählich stellt sich ein Gleichgewicht ein. Lässt man z. B. eine Schüssel mit Wasser offen an der Luft stehen, so stellt

▼ **Bei der** *Fotosynthese wird CO_2 aufgenommen und Sauerstoff als Abfallprodukt abgegeben.*

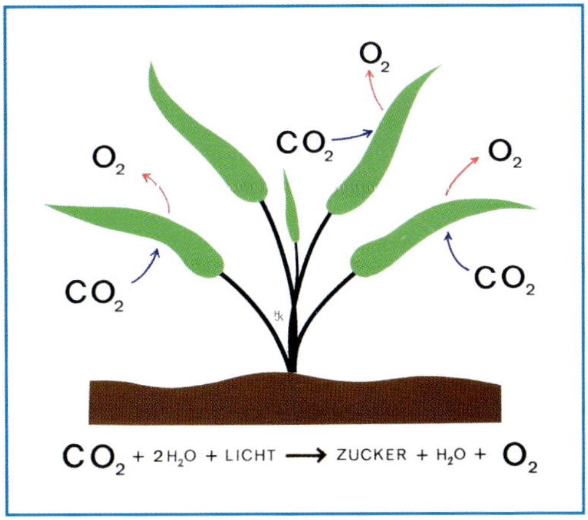

▲ **Cryptocoryne cordata** *am natürlichen Standort. Der lockere Eisenbelag weist auf nährstoffreiche Sickerquellen hin.*

sich darin allmählich ein Sauerstoffgehalt von ungefähr 8 mg/l ein (bei 25 °C). Es ist gleichgültig, ob anfangs mehr oder weniger Sauerstoff im Wasser vorhanden war. War es weniger, dann dringt aus der Luft zusätzlicher Sauerstoff so lange hinein, bis das Gleichgewicht von etwa 8 mg/l erreicht ist. Falls mehr Sauerstoff vorhanden war, wird der Überschuss an die Luft abgegeben.

In reinen Fischaquarien kann es bei höherer Besetzungsdichte zu einem akuten Mangel an Sauerstoff kommen. Die Fische schnappen an der Oberfläche nach Luft. Das ist bei ungefähr 1 mg/l O_2 der Fall. Diese sogenannte „Notatmung“ verübeln die Fische nicht, wenn baldmöglichst wieder für ausreichend Sauerstoff im Wasser gesorgt wird. Dazu kann man zum Beispiel das Wasser mit einer Luftpumpe und einem Sprudelstein belüften. Oder man benutzt eine Kreiselpumpe und bewegt das Wasser und dessen Oberfläche kräftig, um den Gasaustausch mit der Luft zu unterstützen.

In Aquarien mit zügig wachsenden Pflanzen ist akuter Sauerstoffmangel selten.

Bei extrem starker Beleuchtung kann es sogar passieren, dass der Sauerstoffgehalt im Wasser deutlich über das Gleichgewicht von 8 mg/l bei 25 °C ansteigt.

Der Sauerstoff kann sich mit etlichen anderen Stoffen chemisch verbinden (Oxidation). Meist erhalten diese Stoffe dadurch wesentlich andere Eigenschaften. So werden das Eisen und andere pflanzenwichtige Spurenelemente durch Oxidation in eine wasserunlösliche Form umgewandelt. Und so kann es passieren, dass Aquarienpflanzen „verhungern", weil die benötigten Nährstoffe und Spurenelemente im Aquarium zwar existieren, aber – weil wasserunlöslich – für die Pflanzen nicht erreichbar sind.

Deshalb enthalten die meisten Aquarienpflanzendünger sogenannte Chelatoren, auch Nährstoffträger genannt, die die sauerstoffempfindlichen Nährstoffe auch im oxidierten Zustand wasserlöslich halten. Doch leider werden die Chelatoren, wie andere organische Stoffe auch, allmählich von den Filterbakterien zerstört und dadurch wirkungslos. Pflanzenwichtige Nährstoffe, z. B. Eisen und Mangan, werden dann im Filter festgelegt und sind damit für die Pflanzen unerreichbar. Das geschieht um so rascher, je höher der Sauerstoffgehalt im Wasser ist.

Untersuchungen über viele Jahre ergaben, dass auch aus weiteren Gründen der Pflanzenwuchs im Aquarium besser gelingt, wenn der Sauerstoffgehalt 5 bis 6 mg/l am Abend nicht übersteigt.

Messung des Sauerstoffgehalts

Leider ist die Messung mit Reagenzien recht umständlich. Es müssen drei bis vier Tropfflaschen nacheinander benutzt werden, und die Wasserprobe muss zwischendurch luftdicht verschlossen werden und einige Zeit abstehen. Doch sollte das nicht vom Messen abhalten, denn die Kontrolle des O_2-Gehalts zählt zu den wichtigsten Messungen in der Aquaristik überhaupt! Der Sauerstoff beeinflusst, ähnlich wie der pH-Wert, den gesamten Stoffhaushalt im Aquarium!

Weitaus bequemer lässt sich der Sauerstoffgehalt mit einem elektrischen Messgerät

▼ ***Cryptocoryne cordata var. „blassii"*** *im Aquarium, prächtig leuchten die roten Blattunterseiten hervor. Der Sauerstoffgehalt liegt abends bei 4,5 mg/l.*

▲ ***Die Wasserpflanzen*** *produzieren bei der Fotosynthese Sauerstoff quasi als „Abfallprodukt". Deshalb wird in einem gut bepflanzten Aquarium selten Sauerstoffmangel auftreten.*

messen. Das dauert nur 15 Sekunden und gelingt mit 0,1 mg/l Ablesegenauigkeit. Allerdings sind solche Geräte teuer, und man muss nach einigen Monaten die Elektrode regenerieren. Der Kauf eines elektrischen O_2-Messgeräts ist wirklich zu empfehlen, aber eine Frage des Geldbeutels.

In bepflanzten Aquarien schwankt der O_2-Gehalt im Tag-Nacht-Rhythmus, weil Pflanzen nur tagsüber bei Licht fotosynthetisieren und dabei Sauerstoff erzeugen können. Daher muss zum Messergebnis auch die Uhrzeit notiert werden. Es ist biologisch ein großer Unterschied, ob z. B. 5 mg/l O_2 am Abend oder am Morgen gemessen werden.

Wenn von den Blättern der Aquarienpflanzen feine Gasbläschen wie Perlenschnüre aufsteigen, dann ist das **kein** Beweis dafür, dass das Wasser keinen Sauerstoff mehr aufnehmen könne, also „gesättigt" sei, oder dass der Gehalt z. B. 10 mg/l O_2 oder mehr betragen würde! Es ist vielmehr eine Störung im Gasaustausch der Pflanzen. Normalerweise geben die Wasserpflanzen ihren Sauerstoff so fein verteilt ab, dass keine Bläschen entstehen. Der Gasbläscheneffekt kann nachweislich bei beliebig niedrigem oder hohem Sauerstoffgehalt im Wasser auftreten. Verlässliche Auskunft über den O_2-Gehalt im Wasser gibt nur eine Messung.

Grenzwerte des Sauerstoffgehalts

Mitunter hört man: Je höher der Sauerstoffgehalt im Aquarienwasser, desto besser, und im Interesse der Fische könne der Sauerstoffgehalt niemals zu hoch sein. Beides ist falsch. Es wurde schon gezeigt, dass bei höherem Sauerstoffgehalt Wuchsprobleme bei den Pflanzen auftreten können.

Jedes Lebewesen ist an das Milieu seines Heimatgewässers angepasst und fühlt sich darin am wohlsten!

Unsere Aquarienfische stammen fast alle aus tropischen Gewässern mit einem Sauerstoffgehalt von ungefähr 3–7 mg/l. Nur in Ausnahmen findet man höhere Gehalte, z. B. in schnell fließenden Bächen mit darauf spezialisierten Fischarten. Häufiger liegt der Sauerstoffgehalt sogar noch unter 3 mg/l, zum Beispiel in Quellregionen und stehenden Tümpeln. So kommt es, dass die meisten unserer Aquarienfische von Natur aus an relativ geringe Sauerstoffgehalte gewöhnt und daran angepasst sind.

In pflanzenlosen Fischaquarien dürfen 8–9 mg/l O_2 erreicht werden. Der untere O_2-Grenzwert ist von der Herkunft der Fische abhängig. So bewohnt z. B. der Rote Neon in Amazonien auch Gewässer mit nur 1,5 mg/l Sauerstoff. Im Aquarium genügt es als Sicherheitsreserve für die meisten gängigen Aquarienfische, wenn morgens etwa 3 mg/l nicht unterschritten werden.

In bepflanzten Aquarien sollte der O_2-Gehalt abends 5 mg/l nicht wesentlich überschreiten. Ab etwa 6–7 mg/l ist der Wuchs meist merklich gehemmt.

Verändern des Sauerstoffgehalts

Der Sauerstoffgehalt lässt sich leicht erhöhen, indem man den Auslauf des Filters einige Zentimeter über der Wasseroberfläche enden und das Wasser möglichst breitflächig herabplätschern lässt. Besonders wirksam ist ein Diffusor, der Luft ansaugt und sie mit dem auslaufenden Filterwasser innig vermischt.

Ein zu hoher Sauerstoffgehalt lässt sich herabsetzen, indem man den Filterauslauf etwa eine Handbreit unter Wasser anbringt. So wird die Wasseroberfläche weniger bewegt und damit weniger Luftsauerstoff in das Aquarienwasser eingetragen. Außerdem geht weniger CO_2 für die Pflanzen verloren. Oder man reduziert die tägliche Beleuchtungsdauer von z. B. zehn auf nur acht Stunden, dann produzieren die Pflanzen weniger Sauerstoff.

GUT ZU WISSEN

- Der Sauerstoffgehalt strebt bei Belüftung einen Wert von etwa 8 mg/l an (bei 25 °C).
- Der Sauerstoffgehalt hat einen außerordentlich großen Einfluss auf den Stoffhaushalt im Aquarium.
- Die Messung des Sauerstoffgehalts zählt zu den wichtigsten Messungen überhaupt.
- Ein hoher Sauerstoffgehalt kann für die Pflanzen wichtige Nährstoffe und Spurenelemente blockieren.
- Morgens sollten in Aquarien mit Fischen etwa 3 mg/l nicht unterschritten werden.
- Abends sollte in Aquarien mit Pflanzen der Sauerstoffgehalt etwa 5–6 mg/l nicht übersteigen.

Stickstoffverbindungen

Der Stickstoff, chemische Formel N (lat.: **N**itrogenium), begegnet uns im Aquarium in vielen verschiedenen Formen. Recht unauffällig ist seine Gasform (N_2). Weil unsere Luft zu rund 79 % aus Stickstoffgas besteht, sind im Aquarienwasser außer den Gasen Sauerstoff und Kohlendioxid auch große Mengen an Stickstoffgas gelöst. Bei 20 °C sind es etwa 14 mg/l N_2.

Stickstoff in Gasform reagiert, wenn überhaupt, chemisch nur sehr widerwillig. Daher spielt das Stickstoffgas in der Aquaristik so gut

GUT ZU WISSEN

- Stickstoffverbindungen gelangen unter anderem durch den Eiweißanteil des Fischfutters in das Aquarium.
- Stickstoffverbindungen werden durch Bakterien zerlegt. Dabei entstehen unter anderem: Ammmonium, Nitrit und (als Endstufe) Nitrat.

▲ ***Analysen sollten*** *stets vor Ort durchgeführt werden. Nur so erhält man verlässliche Ergebnisse.*

wie überhaupt keine Rolle. Nur bei der sogenannten Denitrifikation tritt es als harmloses Reaktionsprodukt auf.

Große aquaristische Bedeutung haben aber die stickstoffhaltigen Verbindungen. Zu den wichtigsten zählen die Eiweiße, die 15–18 % Stickstoff enthalten. Eiweiße haben komplizierte chemische Formeln und sind wesentlicher Bestandteil aller Lebewesen und auch des Fischfutters. Bei der biochemischen Zerlegung der Eiweiße, also beim Verdauen des Futters bzw. beim Abbau des Überschusses durch Filterbakterien, erscheint der Stickstoff nach Durchlaufen verschiedener Zwischenstufen schließlich in Form von Ammonium, Nitrit oder Nitrat. Weil Ammonium, Nitrit und Nitrat im Aquarium eine wesentliche Rolle spielen, werden sie deshalb im Folgenden näher behandelt.

AMMONIUM UND AMMONIAK

Wassertests messen stets den Gesamtgehalt NH_4^+ und NH_3 (mg/l)	Anteil des giftigen Ammoniak (bei 24 °C) in mg/l bei pH-Wert				Bewertung
	6,5	7,0	7,5	8,0	
0,1	<0,01	<0,01	<0,01	0,01	harmlos
0,2	<0,01	<0,01	<0,01	0,01	
0,3	<0,01	<0,01	0,01	0,02	kritisch
0,5	<0,01	<0,01	0,01	0,03	
1,0	<0,01	<0,01	0,02	0,06	
2,0	<0,01	0,01	0,04	0,11	
4,0	<0,01	0,02	0,08	0,23	akut gefährlich
6,0	0,01	0,04	0,11	0,34	
8,0	0,02	0,05	0,15	0,46	

Beispiel: Es werden 0,5 mg/l Gesamtgehalt gemessen und pH 7,5. Dann beträgt der Anteil an giftigem Ammoniak nur 0,01 mg/l, er ist also harmlos. (Die Angabe <0,01 bedeutet kleiner als 0,01.)

▲ **Tropische Aquarienpflanzen** *können auch in Europa gedeihen. Hier wächst z. B. Rotala macrandra in einer ungarischen Thermalquelle.*

Ammonium

Bei der Zerlegung der komplizierten Eiweiße ist das Ammonium eine der ersten einfach aufgebauten Stickstoffverbindungen. Es hat die chemische Formel NH_4^+. Das „+“ zeigt dem Chemiker an, dass es eine elektrische Ladung trägt und somit ein Ion ist.

Im Trinkwasser sollte kein Ammonium vorhanden sein, denn es wäre ein Hinweis auf Verschmutzung. Im Aquarium wird ständig Ammonium beim Zersetzen von Futterresten sowie aus dem Kot und Urin der Fische freigesetzt. Einen wesentlichen Teil geben die Fische auch über die Kiemen ab, und zwar in Form von Ammoniak (näheres über Ammoniak siehe weiter unten).

Für unsere Aquarienpflanzen ist das Ammonium eine sehr willkommene Nährstoffquelle. Zwar können sie z. B. auch Nitrat verwerten. Sie müssen dabei aber mehr Energie aufwenden und bevorzugen deshalb als Stickstoffquelle stets das Ammonium. Ammonium ist relativ ungiftig. Leider hat es aber die Eigenschaft, sich – je nach pH-Wert – teilweise in das sehr giftige Ammoniak umzuwandeln.

Ammoniak ist ein Gas mit der Formel NH_3, das sich im Wasser sehr gut lösen kann. So ist z. B. der bekannte, stechend riechende Salmiakgeist eine Lösung von 10 % NH_3 in Wasser. Die Giftwirkung des Ammoniaks beruht darauf, dass es sehr leicht die Zellwände durchdringen kann und in der Zelle den pH-Wert bis auf tödliche Werte anhebt.

▾ ***Eichornia azurea*** *(Überwasserform) am Ufer des Rio Cuiabá (Brasilien). Ein sauerstoffarmer Weißwasserfluss (mittags 2,1 mg/l O_2), überreich an wohlgenährten Fischen, dass Scharen von Alligatoren davon satt werden. Das Wasserschwein oder Capybara in der Bildmitte ist das größte Nagetier der Welt und kommt nur in Südamerika vor.*

Die Umwandlung von Ammonium in Ammoniak ist ein rein chemischer Prozess. Er verläuft ohne Zeitverzug je nach pH-Wert und ist umkehrbar. Je höher der pH-Wert, d. h. je mehr OH^--Ionen im Überschuss sind, desto mehr Ammonium wandelt sich in Ammoniak um. Sinkt der pH-Wert, so verläuft die Umwandlung umgekehrt, bis schließlich unter etwa pH-Wert 6 praktisch nur noch harmloses Ammonium vorhanden ist.

$$NH_4^+ + OH^- \leftrightarrow NH_3 + H_2O$$

Messung des Ammonium-/ Ammoniakgehalts

Zum Messen des Gehalts von Ammonium bzw. Ammoniak sind Testsets erhältlich. Das Messergebnis lässt sich nicht sofort beurteilen.

Kein Test kann zwischen NH_4^+ und NH_3 unterscheiden, sondern alle messen stets den Gesamtgehalt.

Zur Beurteilung des Ammonium-Ammoniakverhältnisses muss man also auch den pH-Wert messen und kann dann aus der Tabelle auf S. 66 den Anteil von giftigem Ammoniak im Wasser ablesen.

Grenzwerte des Ammonium-/ Ammoniakgehalts

Wie schon erwähnt, ist das Ammonium (NH_4^+) harmlos, dagegen das Ammoniak (NH_3) sehr giftig. Für die Fische sind bei Dauereinwirkung schon Mengen von nur 0,02 mg/l NH_3 schädlich.

Ab etwa 0,20 mg/l NH_3 muss sogar schon nach wenigen Tagen mit Todesfällen gerechnet werden. Ob bei einer Messung diese Grenzwerte erreicht werden, kann erst nach einer pH-Messung und mithilfe der Tabelle auf S. 66 festgestellt werden.

Bei neu eingerichteten Aquarien bzw. Filtern, in denen sich noch keine leistungsfähigen Bakterienkolonien angesiedelt haben, können sich größere Mengen von Ammonium/Ammoniak anhäufen. Im Normalfall wird es aber durch Bakterien schnell zum Nitrit weiterverarbeitet.

Im eingefahrenen Aquarienwasser gilt ein Gehalt um 0,1 bis 0,5 mg/l NH_4^+ je nach Fischbesatz als normal. Wenn dabei der pH-Wert 7,5 nicht übersteigt, ist der Anteil an giftigem Ammoniak vernachlässigbar gering.

GUT ZU WISSEN

- Ammonium ist ungiftig. Aber je nach pH-Wert wandelt es sich teilweise in giftiges Ammoniak um.
- Zur Beurteilung des Ammoniak-Anteils, also der Giftigkeit, muss auch der pH-Wert bekannt sein.
- Durch (Filter-)Bakterien wird Ammoniak zu Nitrit oxidiert.

Verändern des Ammonium-/ Ammoniakgehalts

In gepflegten Aquarien bleibt der Ammonium-/ Ammoniakgehalt stets unter der kritischen Grenze. Sollte er in Ausnahmefällen zu hoch

▼ ***Stickstoffverbindungen werden*** *von den Pflanzen zum Wachstum benötigt. In Bildmitte ein Echinodorus horizontalis aus Südamerika.*

▲ **Vorsicht bei** *zu starken Eingriffen in die Wasserchemie des Aquariums! Sie könnten Fische und Pflanzen mehr schaden als nutzen.*

sein, wird am besten ein Teilwasserwechsel durchgeführt. Dabei muss darauf geachtet werden, dass dadurch keinesfalls der pH-Wert steigt, sonst wächst der Ammoniakanteil.

Bei ständig erhöhter Konzentration ist das Aquarium überlastet, das heißt der Fischbesatz ist zu hoch. Eventuell hilft ein stärkerer Filter.

Nitrit

Nitrit entsteht durch die oxidierende Tätigkeit der Filterbakterien aus Ammonium. Es hat die chemische Formel NO_2^- und zählt, angezeigt durch seine Ladung „–", ebenfalls zu den Ionen.

Nitrit ist in höherer Konzentration ein Fischgift, weil es den Sauerstofftransport im Blut blockiert. Normalerweise wird das Nitrit (NO_2^-) zügig zum Nitrat (NO_3^-) weiteroxidiert. Wenn der Nitritgehalt auch nach der Einfahrzeit der Filter ständig zu hoch ist, reicht die Filterleistung nicht aus, um die Belastung des Wassers mit Futterresten und Fischkot zu bewältigen. Das heißt, der Filter wurde zu klein gewählt oder das Aquarium ist mit Fischen überbesetzt.

Messung des Nitritgehalts

Die Messung des Nitritgehalts im Aquarienwasser ist sehr einfach. Verschiedene dafür geeignete Tests werden im Zoofachhandel angeboten.

Grenzwerte des Nitritgehalts

Im Aquarienwasser ist ein Nitritgehalt um 0,02–0,1 mg/l völlig unbedenklich. Werte von 0,2–0,5 mg/l NO_2^- weisen allerdings schon auf eine Störung des Filters oder eine Überlastung durch zu hohen Fischbesatz hin. Der Ursache muss nun sofort nachgegangen werden.

Gehalte von 1–2 mg/l Nitrit werden von vielen Fischen bei ausreichendem Sauerstoffgehalt bestenfalls kurzzeitig toleriert. Es muss mit Todesfällen gerechnet werden.

Verändern des Nitritgehalts

Der Nitritgehalt kann durch Wasserwechsel herabgesetzt werden. Steigt er rasch wieder auf kritische Werte an, können neue Filter bzw. neues Filtermaterial die Ursache sein. Dann sollten Sie unbedingt im Kapitel „Richtiges Einfahren" (S. 17) nachlesen.

GUT ZU WISSEN

- Nitrit ist giftig ab 0,2–0,5 mg/l.
- Es kann sich gefährlich anhäufen, wenn z. B. der Filter neu ist oder wenn zu viele Fische im Aquarium gehalten werden.
- Durch (Filter-)Bakterien wird Nitrit zu Nitrat oxidiert.

Nitrat

Nitrat entsteht durch die oxidierende Tätigkeit der Filterbakterien aus Nitrit und hat die chemische Formel NO_3^-. Nitrat ist die Endstufe der bakteriellen Eiweißzerlegung. Es ist eine ziemlich stabile Stickstoffverbindung, die in üblichen Aquarienfiltern nicht weiterverarbeitet werden kann. Nitrat kann sich daher im Wasser anhäufen.

Pflanzen können zwar Nitrat als Stickstoffquelle benutzen, doch zum einen bevorzugen sie das Ammonium und zum anderen fällt meist mehr Nitrat an als sie verwerten können.

Vom Nitrat droht nur Gefahr, wenn es in sauerstoffarme Zonen gerät und dort zum giftigen Nitrit zurückverwandelt wird. Deshalb wird in der Trinkwasserverordnung der zulässige Nitratgehalt auf z. Zt. 50 mg/l begrenzt. Denn insbesondere Säuglingen drohen bei zu hohem Nitratanteil Vergiftungen.

▸ **Auch der** *afrikanische Kongosalmler, Phenacogrammus interruptus, zählt zu den Weichwasserfischen, die zudem sehr sauberes Wasser benötigen.*

▲ *Die Einrichtung und der Betrieb eines schönen Aquariums mit gesunden Fischen ist nicht immer ganz leicht.*

Messung des Nitratgehalts

Der Nitratgehalt lässt sich leicht mit Hilfe von Tauchstäbchen bestimmen. Sie werden für einige Sekunden in das Wasser gehalten. Nach einer genau vorgegebenen Zeit vergleicht man die Reaktionszone mit einer Farbskala. Tauchstäbchen sind zwar sehr einfach zu handhaben, aber sie erlauben nur relativ grobstufige Messungen.Umständlicher, aber genauer messen Testsets, bei denen zur Wasserprobe zwei bis drei Reagenzien zugegeben werden müssen.

Alle Nitrattests, einschließlich der Tauchstäbchen, müssen gut verschlossen und möglichst kühl aufbewahrt werden, sonst verderben sie rasch.

Grenzwerte des Nitratgehalts

Eine unmittelbare Giftwirkung des Nitrats ist nicht bekannt, jedoch muss in sauerstoffarmen Zonen mit einer Reduktion zu dem sehr giftigen Nitrit gerechnet werden (giftig ab 0,2 mg/l).

Unser Trinkwasser enthält im Mittel etwa 20 mg/l NO_3^-, und der behördlich zulässige Grenzwert beträgt 50 mg/l.

Manche Diskuszüchter streben Werte von unter 20 mg/l an, weil sie bei Jungfischen ab 30–40 mg/l Wachstumshemmungen beobachtet haben. Andere Züchter berichten wiederum von einigen 100 mg/l, ohne dass Probleme aufgetreten seien. Es sei jedoch nochmals auf die mit dem NO_3^--Gehalt wachsende Gefahr der Reduktion zu giftigem Nitrit hingewiesen.

Verändern des Nitratgehalts

Der Nitratgehalt lässt sich durch Teilwasserwechsel senken. Am besten wechselt man jede Woche etwa 20–25 %. Wenn das benutzte Leitungswasser bereits einen zu hohen Nitratgehalt hat, dann muss es zuvor z. B. durch Umkehrosmose aufbereitet werden.

Nitrat lässt sich auch durch bestimmte Ionenaustauscher entfernen, wobei allerdings der Chloridgehalt entsprechend ansteigt. Der eleganteste Weg ist jedoch die biologische „Denitrifikation“. Allerdings sind hierzu besondere Filter und aquaristische Erfahrung erforderlich (siehe Handbuch Aquarientechnik).

GUT ZU WISSEN

- Nitrat ist die Endstufe des bakteriellen Oxidationsprozesses.
- Nitrat ist nicht unmittelbar giftig, kann aber in sauerstoffarmen Zonen zu giftigem Nitrit rückgewandelt werden.
- Überhöhte Nitratgehalte lassen sich am einfachsten durch (Teil-)Wasserwechsel senken.

Schlussbemerkung

Die Aquaristik ist ein kleiner Zweig der Biologie. Das Wort Biologie kommt aus dem Griechischen und bedeutet „die Lehre vom Leben". Das Leben besteht aus unzählig vielen verschiedenen, sehr komplizierten Einzelprozessen, deren (meist) reibungsloses Zusammenspiel geradezu ans Wunderbare grenzt. Auch unsere moderne Wissenschaft und Forschung ist weit davon entfernt, die letzten Geheimnisse des Lebens enträtselt zu haben.

Deshalb darf es nicht wundern, dass auch in der Aquaristik mitunter Meinungen hart aufeinanderprallen. Ein Beispiel: Ein Diskusfreund hat ein gut bepflanztes Aquarium und düngt mit täglich etwa 1 g Kohlendioxid (CO_2). Sein Freund, ein erfolgreicher Züchter von Prachtbarben (*Puntius conchonius*), verurteilt diese „Unmengen" an CO_2, denn in seinem technisch und pflanzenmäßig völlig gleichartigen Aquarium verbraucht er täglich nur 0,3 g CO_2. Der Streit ist jedoch unnötig. Es liegt an der Wassertemperatur! Diskus werden bei etwa 28 °C gepflegt, Prachtbarben dagegen nur bei etwa 22 °C. Die vergleichsweise geringe Temperatur im Barbenaquarium hat die Stoffwechselrate der Pflanzen stark reduziert, und folglich ist der CO_2-Verbrauch weitaus geringer.

Oder: Ein guter Freund schenkt uns ein kostbares Zuchtpaar, das bei ihm schon mehrfach abgelaicht hat. Aber bei uns will die Zucht einfach nicht gelingen, obwohl wir alles ganz genau gleich machen: gleiche Verstecke, gleiche Laichplätze, gleiches Futter usw. Unser Freund spart nicht mit Ratschlägen. Trotzdem nichts! Warum? Bei uns war eben doch nicht alles genau so wie bei unserem Freund. Eine Kleinigkeit war anders, eine winzige: Sein Filterauslauf lag etwas höher und ließ das Wasser leise auf die Oberfläche plätschern. Das Geräusch und die Unruhe der Wasseroberfläche erinnerten an die tropische Regenzeit! Das war das Signal für genau diese Fischart: Jetzt ist Laichzeit!

Als Einsteiger neigt man dazu, jedes Wort (insbesondere jedes gedruckte) als unumstößliche Tatsache zu werten. Doch oft wird nur die Ansicht/Erfahrung eines Einzelnen wiedergegeben, die u. U. sogar schon etliche Male woanders abgeschrieben worden ist. Die Biologie, und damit die Aquaristik, ist viel zu vielseitig zusammengesetzt, als dass sie ein Einziger in ihren Auswirkungen wirklich voll durchschauen kann.

Deshalb, und mein Buch sei davon nicht ausgenommen, der Rat: Man sollte alle Informationen sammeln, kritisch prüfen und mit den eigenen Erfahrungen vergleichen. Es gibt besonders erfolgreiche Aquarianer, die einen „Grünen Daumen"haben. Aber der ist nicht etwa angeboren, sondern erst ganz allmählich gewachsen durch Sammeln von Informationen, kritische Beobachtung und Verarbeiten von Fehlschlägen.

Ich wünsche viel Spaß bei unserem gemeinsamen Hobby und allmähliches Wachsen eines „Grünen Daumens"!

Serv

Service

Hier finden Sie Adressen, Links und Publikationen rund um die Aquaristik für Einsteiger.

Internet

Aufgrund der Schnelllebigkeit des Mediums Internet können hier nur einige wenige Adressen angegeben werden, die jedoch mit ihren Linklisten Ausgangspunkt für weitere Seiten sein können.

- **www.aquaristik-consulting.de**
  Eine von K. A. Quante erstellte Seite. Hier finden sich allgemeine Informationen zur Aquaristik und Tipps zur Haltung und Zucht vieler Tiere.
- **www.aquarienclub.de**
  Die Seite des Aquarienclub Braunschweig e. V. bietet mit dem Online-Vereinsmagazin Fishlight eine Fülle von aquaristischen Artikeln sowie ein Aquarienfisch-Lexikon.
- **www.aquarium-guide.de**
  Auf sehr ansprechende Weise stellt Roland Selzer auf seinen Seiten viele Tiere, Pflanzen und Aquarientechnik vor. Außerdem gibt es ein Magazin und ein Lexikon für Fachbegriffe.
- **www.deters-ing.de**
  Olaf Deters gibt viele Hinweise zur Aquarientechnik und setzt sich insbesondere mit der Filterung auseinander.
- **www.oammagazin.de**
  Das Online-Aquarium-Magazin (OAM) bietet monatlich kostenlos eine Vielzahl von Artikeln zum Download an.
- **www.heimbiotop.de**
  Insbesondere Aquarienpflanzen und Wirbellose werden von Maike Wilstermann-Hildebrand ausführlich vorgestellt.
- **www.rhusmann.de/aqua**
  Renate Husmann beschreibt auf ihrer Seite verschiedene lesenswerte Erfahrungen aus ihrem Aquaristikleben, unter anderem zu Fischkrankheiten.
- **www.tuempeln.de**
  Die Seiten von Christian Westhäuser beschäftigen sich vornehmlich mit dem Fang und der Zucht von Lebendfutter.
- **www.vda-aktuell.de**
  Die Seite des Verbands Deutscher Vereine für Aquarien- und Terrarienkunde e. V., über die Sie lokale Vereine finden können.
- **www.weichwasserfische.de**
  Auf der Seite von Michael Schlüter werden viele auch für Nano-Aquarien geeignete kleine Weichwasserfische vorgestellt und viele Infos zur Aquaristik gegeben.